U0863492

含章·图鉴系列

名犬图鉴

张海涛　主编

江苏凤凰科学技术出版社·南京

图书在版编目（CIP）数据

名犬图鉴 / 张海涛主编. — 南京：江苏凤凰科学技术出版社, 2017.4（2022.5 重印）

（含章 · 图鉴系列）

ISBN 978-7-5537-5364-5

Ⅰ. ①名… Ⅱ. ①张… Ⅲ. ①犬 - 驯养 - 图集②犬 - 鉴赏 - 图集 Ⅳ. ①S829.2-64

中国版本图书馆CIP数据核字(2015)第222589号

含章 · 图鉴系列

名犬图鉴

主　　编　张海涛
责任编辑　汤景清　祝　萍
责任校对　仲　敏
责任监制　方　晨

出版发行　江苏凤凰科学技术出版社
出版社地址　南京市湖南路 1 号 A 楼，邮编：210009
出版社网址　http://www.pspress.cn
印　　刷　天津丰富彩艺印刷有限公司

开　　本　880 mm × 1 230 mm　1/32
印　　张　8
插　　页　1
字　　数　300 000
版　　次　2017年4月第1版
印　　次　2022年5月第5次印刷

标准书号　ISBN 978-7-5537-5364-5
定　　价　45.00元

前言

狗被喻为我们人类最忠诚的朋友，聪明、乖巧的它们，给我们的生活带来了无数欢乐。偶尔在大街上，我们可以看到聪明的导盲犬正带着它的主人前行；在牧场上，牧羊犬正在替主人忠诚地守护着羊群；在小路上，调皮可爱的小狗正陪主人悠闲地散步……那么，你知道这些狗狗都属于哪一类型吗？你对它们又有多少了解呢？

据不完全统计，世界现存的犬种大概有 450 类，其中常见的有 200 多类，如贵宾、吉娃娃、杜宾、西施、牧羊犬、北京犬……由于每种犬的习性各异，有的性格温顺，有的领悟力高，有的容易护理，有的则喜欢运动，等等，因此，它们的用途也有所不同，如有的可起陪伴作用，有的可作看护和猎手，还有的则可利用其灵敏的嗅觉作“搜救”用，如此等等。由于每类犬的习性和用途千差万别，即使拥有多年养犬经验的人也不能一一作答，更何况是初次养犬的人呢？因此，一些常见犬类的基本常识成为养犬人群必须的知识储备。

本书收集了160 多种“人气宠物犬”，详细介绍了它们的基本常识，包括别名、寿命、主要用途、基本特征、性格特点、身高体重、喂养常识、饮食护理等，对人们最喜欢的犬类做了详细的介绍和讲解，加深人们对犬类的认识。让人们既能了解到犬类的基本常识，又能从中收获无限乐趣，相信读完此书的你一定会大有收获。

阅读导航

每种名犬在通常的名称之外，还有另外的一种或几种名称

学名或被认可的俗名

概括描述每种名犬的主要特征

简单又营养的饮食搭配

喂养名犬需要注意的喂养常识

名犬身体各个部位的文字描述

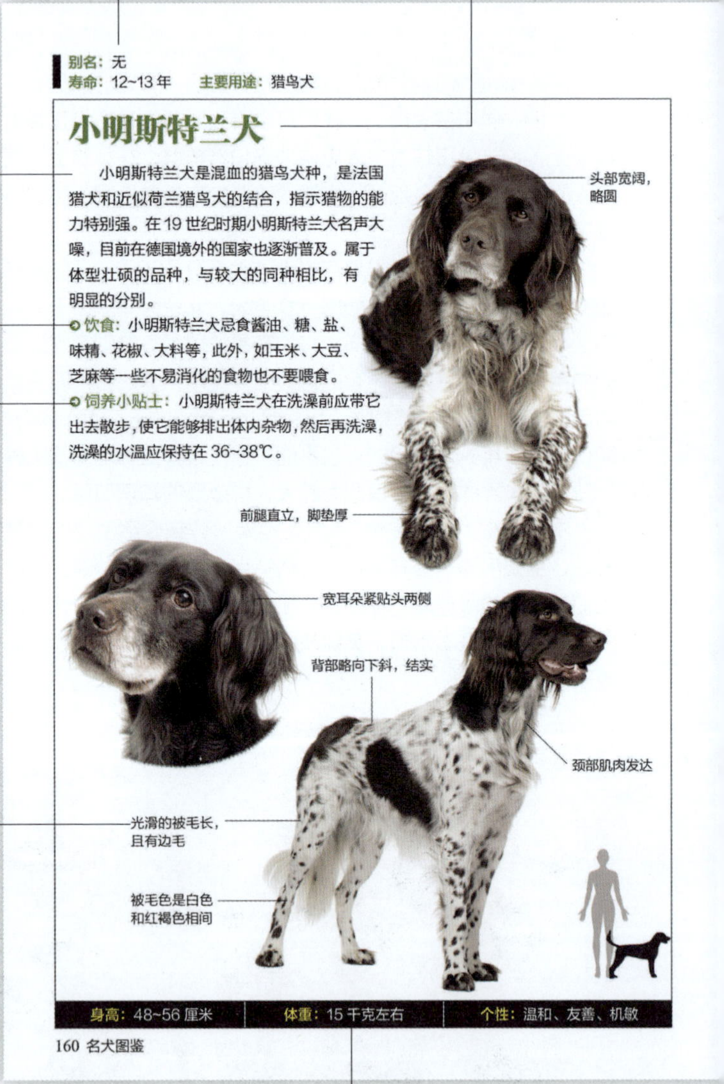

别名：无

寿命：12~13 年　　主要用途：猎鸟犬

小明斯特兰犬

小明斯特兰犬是混血的猎鸟犬种，是法国猎犬和近似荷兰猎鸟犬的结合，指示猎物的能力特别强。在 19 世纪时期小明斯特兰犬名声大噪，目前在德国境外的国家也逐渐普及。属于体型壮硕的品种，与较大的同种相比，有明显的分别。

饮食：小明斯特兰犬忌食酱油、糖、盐、味精、花椒、大料等，此外，如玉米、大豆、芝麻等一些不易消化的食物也不要喂食。

饲养小贴士：小明斯特兰犬在洗澡前应带它出去散步，使它能够排出体内杂物，然后再洗澡，洗澡的水温应保持在 36~38℃。

身高：48~56 厘米	体重：15 千克左右	个性：温和、友善、机敏

160 名犬图鉴

健康成年犬的正常体重，公犬与母犬略有差别

每种犬的正常寿命

大多数的名犬都有首要的任务，执行某些特定的工作

别名： 恩特雷布赫牧牛犬、英特布彻山地犬
寿命： 11~13 年　**主要用途：** 牧畜犬、伴侣犬

恩特雷布赫山地犬

恩特雷布赫山地犬主要分布于瑞士，其他地方较少见。它们可以在较为险峻的山区，保护和驱赶畜牧群，也可以与儿童愉快地玩耍。工作的时候警惕性高，勇猛强悍，与家庭成员相处时就变得温顺而友善，很受孩子们的喜爱。

饮食： 恩特雷布赫山地犬爱吃零食，因此要控制其热量摄入。可将新鲜鸡肉、米饭、胡萝卜、鸡肝等混合煮熟后给其喂食。注意要给其补充充足的蛋白质和维生素。

饲养小贴士： 刚开始驯养恩特雷布赫山地犬时，要严厉一些，不可太过放任。需要较大的活动量，可经常带出去散步。

为每种名犬配备高清的彩色图片

细致描绘名犬各部位特征，以图片的形式展现

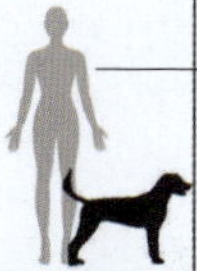

标示犬的高度与成年人的大小比例

身高：45~50 厘米	体重：25~27 千克	个性：忠诚、活泼、友善

第二章 中型犬 161

成年犬的正常高度

每种名犬的性格特点

目录

比熊犬

布列塔尼犬

第二章 中型犬

拉布拉多猎犬

第三章 大型犬

苏格兰牧羊犬

秋田犬

萨路基猎犬

你了解犬吗

犬的家族

犬科是食肉目中分布较广的科属，几乎遍布陆生食肉动物的所有生存领域，只有少数岛屿除外，此外，它也是澳洲白人到来之前唯一的食肉目成员。犬科动物属于陆栖，大多在地面活动，只有少数会爬树，因此，它比较擅长地面追逐猎物。

犬属（Canis）

狼（Canis lupus）
印度狼（Canis indica）
喜马拉雅狼（Canis himalayensis）
红狼（Canis rufus）
郊狼（Canis latrans）
东加拿大狼（Canis lycaon）
亚洲胡狼（Canis aureus）
侧纹胡狼（Canis adustus）
黑背胡狼（Canis mesomelas）
埃塞俄比亚狼（Canis simensis）

狐属（Vulpes）

孟加拉狐（Vulpes bengalensis）
阿富汗狐（Vulpes cana）
南非狐（Vulpes chama）
沙狐（Vulpes corsac）
藏狐（Vulpes ferrilata）
苍狐（Vulpes pallida）
吕佩尔狐（Vulpes rueppelli）
草原狐（Vulpes velox）
赤狐（Vulpes vulpes）
耳郭狐（Vulpes zerda）
小狐（Vulpes macrotis）

狼（Canis lupus）
适应性较强，耐寒、热，分布在地球的大部分地区；嗅觉、听觉灵敏，性情机警，常夜间活动；擅长奔跑，常用穷追猛打的方式获取猎物。

赤狐（Vulpes vulpes）
一般喜欢居住在土穴、树洞或岩石缝中；通常夜间活动，白天则在洞中休息；生性多疑，行动前会仔细观察周围环境，在确定没有危险后再采取行动。

犬科（Canidae）

伪狐属（Pseudalopex）

山狐（Pseudalopex culpaeus）
阿根廷狐（Pseudalopex griseus）
达尔文狐（Pseudalopex fulvipes）
河狐（Pseudalopex gymnocercus）
秘鲁狐（Pseudalopex sechurae）
高地狐（Pseudalopex vetulus）

其他属

非洲野犬（Lycaon pictus）
豺（Cuon alpinus）
貉（Nyctereutes procyonoides）
小耳犬（Atelocynus microtis）
薮犬（Speothos venaticus）
鬃狼（Chrysocyon brachyurus）
食蟹狐（Cerdocyon thous）
北极狐（Alopex lagopus）
大耳狐（Otocyon megalotis）
灰狐（Urocyon cinereoargenteus）

河狐（Pseudalopex gymnocercus）

一般喜欢栖息在草原、森林，以及河谷中；通常夜间活动，但在有人居住的地方也会白天活动；常采用“装死”的方式躲避危险。

非洲野犬（Lycaon pictus）

一般喜欢生活在草原、稀树草原以及开阔的干燥灌木中；通常在光线较亮的上半夜和凌晨活动，但如果月光明亮，则可能会整晚活动。

犬的定义

犬是一种常见的哺乳动物，具有以下特征：肩骨分离，缺少锁骨，可使奔跑和跳跃的步幅更大；大多前腿的上爪退化；通常用四足行走，具有良好的爆发力；性情机敏；群居，合作狩猎。

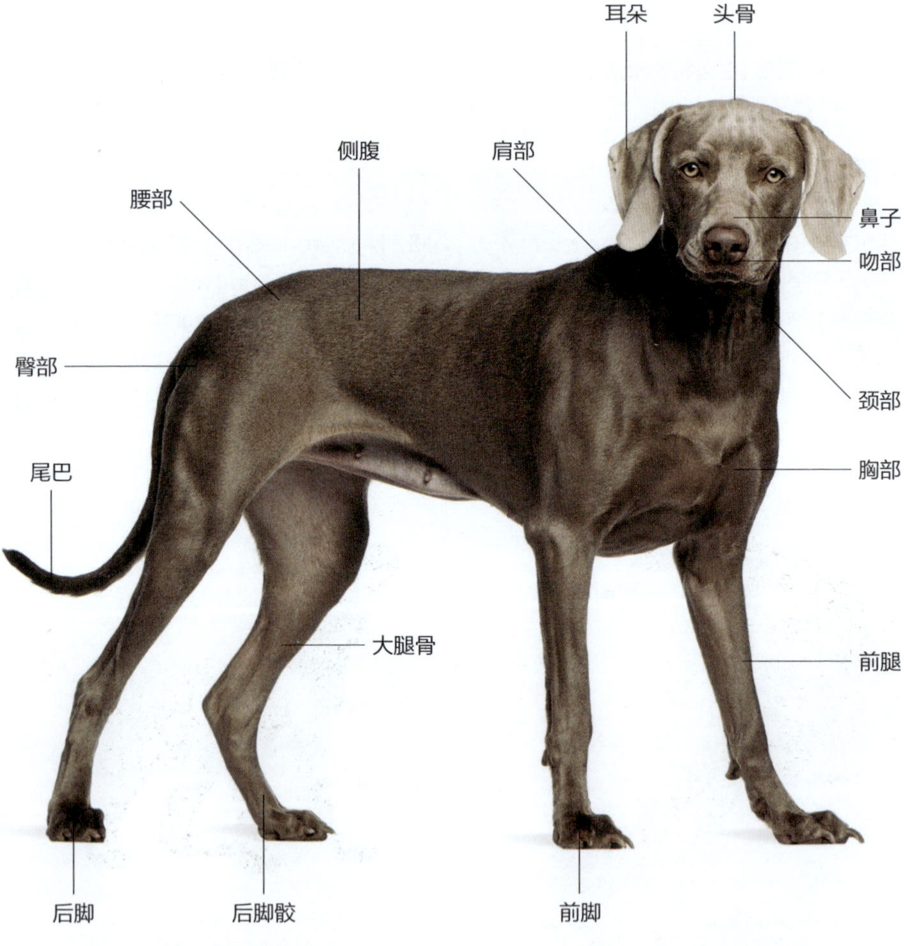

犬齿

犬齿的齿式有幼犬和成年犬之分，成年犬为门齿、犬齿、前臼齿、臼齿，共计 42 枚，幼犬为门齿、犬齿、前臼齿，共计 28 枚，缺部分前臼齿和臼齿；犬齿呈弯曲的圆锥形，上颌第一、第二门齿齿冠为三峰形，中部是大尖峰，两侧为小尖峰，其余门齿各有大小两个尖峰；前臼齿为三位形，臼齿为多峰形；犬齿尖端锋利，是进攻和自卫的有力武器。

杰克罗素梗

迷你杜宾犬

剪耳和截尾

剪耳和截尾是一些国家养犬的习惯；剪耳是指剪去犬的耳尖，使耳朵竖直，但这在一些国家是违法的，如英国；截尾是指幼犬出生后截留尾巴，但截尾的长度不一，并且这种做法至今仍有争议。

体型的大小

按照体型大小，犬一般可分为小型犬、中型犬和大型犬。因此，本书依据犬的体型大小，分小型犬、中型犬和大型犬 3 章来讲。

小型犬（西施犬）

大型犬（大白熊犬）

中型犬（巴山基犬）

悬趾

悬趾是指犬脚最内侧的一趾，相当于人脚的拇趾。用处不大，幼犬常剪除，但对某些犬类却有很大的作用，如海鹰犬（Puffin dog）的悬趾可帮助它在崎岖的地面上飞驰。

犬的类别

犬有许多分类方法，但通常以功能分类，这是因为大多数犬能执行某种特定任务，如看管牲畜、狩猎、警卫、拉雪橇等。

玩赏犬

玩赏犬，又称伴侣犬，主要为小型犬种、较小型工作犬种和实用犬种。玩赏犬体形小巧可爱，性格活泼好动、聪明伶俐，再加上它们不仅可供人观赏，而且还能起到陪伴的作用，甚至可以照顾老人、幼儿和患者，因而深受人们的喜爱，是很多宠物爱好者的首选。比较常见的玩赏犬有北京犬、迷你雪纳瑞等。

比熊

爱斯基摩犬

工作犬

工作犬主要是指协助人类从事各种工作的犬种，它们可以代替人的部分劳动，保护人的生命财产安全。工作犬不仅可以成为警卫守护犬、军犬、警犬、导盲犬、搜毒犬、搜爆犬、漏气探测犬以及救护犬等，还因为它们拥有较大的力量和较好的耐力而成为拖拉和运载货物的好帮手。常见的工作犬有阿拉斯加雪橇犬、美国比特犬等。

猎犬

猎犬是人类狩猎的“帮手”，西班牙猎犬、指示猎犬和寻猎犬属于猎犬中的单猎犬，虽然它们有一定的地域差别，但都必须进行定期模拟训练，从而来维持猎犬的工作能力。

硬毛指示格里芬犬

护卫犬

护卫犬主要是用来保护人身安全的犬种，它们多是用吠叫声来发出警报并吓退侵害者。护卫犬具有稳定的性格、强大的咬合力、迅猛的攻击速度，以及精准的攻击能力，它能够将歹徒的手臂咬断或使其粉碎性骨折，使歹徒丧失作案能力。

西藏獒犬

马雷马牧羊犬

牧羊犬

牧羊犬是指专门负责畜牧的犬种，可避免牲畜走失，并保护它们免受野兽侵袭，同时还能大幅减少偷盗牲畜的行为。牧羊犬的性格因品种不同而各异，但大多具有体格健壮、警惕性强等特点，常见的有德国牧羊犬、苏格兰牧羊犬等。

梗犬

梗犬最初主要是为了狩猎和消除毒蛇虫害而驯养的犬种，可用来减少老鼠、野兔和狐狸的侵害，大多在英国培育。梗犬一般体型较小，具有精力充沛、活泼好动、勇敢坚强、灵敏等性格特点，和主人的关系特别亲近，对主人尤其忠诚。

苏格兰梗

犬的习性

食物习性

1. 犬是以肉食为主的杂食性动物，因此，喂养时，需在饲料中配制较多的动物性蛋白和脂肪，并辅之以植食性成分，这样可保证犬的正常发育。
2. 犬适宜消化肉食，这是因为：犬的消化道比食草动物的消化道要短；犬的胃酸含量在家畜中居于首位；犬的肠壁相对较厚，吸收能力较强。
3. 犬在吃东西的时候通常很少会咀嚼，因此，如果给其喂食的食物是纤维较粗的蔬菜，最好是把蔬菜切碎或煮熟。

波兰低地牧羊犬

波尔多犬

4. 经过驯养的家犬保留了喜欢撕咬猎物的进食特性，因此，要经常给它们喂食一些不太坚硬的骨头。
5. 当犬不小心食入了有毒食物后，就会通过呕吐的方式把有毒食物吐出来，这样可以防止中毒。
6. 不要让犬食用强刺激性食物，因为这样会损害犬的嗅觉。

生理习性

1. 犬因为其排便中枢不发达，不能在行进中排便，因此，需要一定的排便时间。
2. 犬是群居动物，不喜欢独处，害怕孤独，因此，不要让它长时间独处。
3. 犬常以人类或自身粪便为食，这可能是犬在食物不足、营养不良或患有寄生虫病的情况下的病态表现。

柴犬

阿拉斯加雪橇犬

行为习性

1. 天气炎热时，犬会张大嘴巴、伸出舌头，这样可以起到散热的作用。
2. 犬是群居动物，群体中具有一定的“等级制度”，这样可以保持群体的稳定，以避免它们因食物和生存空间而发生争斗。
3. 犬在睡觉前，通常会“巡视”四周，在确定没有危险后，再卧下休息。
4. 犬喜欢被人抚摸，但要注意抚摸部位，要经常抚摸它们的颈部和背部；不要抚摸头顶，因为这样做会带给它们压抑感和眩晕感；也不要抚摸屁股和尾巴，因为这样容易激怒它们。
5. 犬通常会根据自己的视线高低来判断对手的强弱。
6. 犬不会攻击倒下且露出肚子的对手。此外，犬喜欢人类，对自己的主人有强烈的保护欲望。

卷毛寻猎犬

多伯曼犬

心理习性

1. 犬具有一定的领地意识，不允许其他动物进入自己的领地。
2. 犬的记忆力惊人，它们会记住曾经亲密相处过的人的声音，也会记住自己曾经居住过的地方。
3. 犬如果生病，会避开人类或同类，独自躲在无人知晓的角落等待康复或死亡。
4. 犬的尾巴是重要器官之一，它在某种程度上也是犬的一种“语言”。尾巴翘起，表示兴奋、喜悦；尾巴下垂，表示生气、愤怒，预示着危险；尾巴不动，则表示了它的不安；尾巴夹起，说明它感到害怕；如果向水平方向迅速地摇动尾巴，则表示友好。

金毛寻猎犬

友谊

犬不喜欢独处，喜欢群居，能够同人类、同类或其他动物建立起良好的关系，如鸡、猫等动物都能与犬和睦相处，并且犬还会保护它们不受侵害。

拉布拉多寻回犬

英国激飞猎犬

寻衅

公犬在遇到对峙局面时，通常会根据情况，采取两种姿势；一种是仰卧并露出腹部，表示屈服；另一种是脖子伸长、颈毛直立、尾巴竖立、大声咆哮等，表示愤怒，起到威吓的作用。

听觉

犬的听觉敏锐，能分辨极细小和高频率的声音，听觉敏感度是人的 16 倍，即使睡觉也保持着高度的警觉性，周围半径 1 千米以内的声音能清楚地分辨。此外，犬的声源判断力也很强，由于耳与眼的交感作用，使它们能做到“眼观六路，耳听八方”。

吉娃娃

英国激飞猎犬

嗅觉

犬的嗅觉灵敏，能分辨出约 200 万种不同物质的气味，这是因为它的嗅觉细胞是人类的 200 倍，约有2.2亿个，一些犬类经过特殊培训，可作搜救犬等。

彭布罗克柯基犬

视觉

犬的视觉较差，只有人类的 25%~30%，对于 100 米以外的静止物体几乎就看不清了。它们也没有办法分辨出所有的颜色，只能分辨出某些颜色，例如深浅不同的蓝色、靛色和紫色，而对红色、绿色等高彩度的颜色则完全没有感受力，研究显示，犬看到的红色是暗色，看到的绿色则是白色。

气味的标记

犬的尿液中含有独特的外激素化学气味，性别不同，气味差别也很大。公犬通常用尿作地盘标记，也用尿作发情的标志，除了尿液外，公犬也用汗液的气味作标记，如它们通过抓地，让爪子间的汗腺气味留在地上。

腊肠犬

玩具梗

杰克罗素梗

通信联络

犬通常通过身体姿势、气味及吠叫的方式来进行通信联络，距离较近时常通过身体姿势和气味与同伴进行交流，距离较远时常通过声音进行通信，例如犬追逐猎物时发出的吠叫有利于猎人发现猎物；而当犬感到危险来临时发出的吠叫，则可以提醒同伴或主人注意安全。

英国牛头犬

屈服

犬在遇到无法战胜的“敌人”时，通常会屈服，可将身体蜷缩，耳朵下垂，还可将身体翻转，背朝地，露出腹部，有时候实在走投无路，还会撒一点尿，如果屈服，就不会再受到同类的攻击了。

你适合养犬吗

你的时间

犬需要付出时间和精力去照顾它，尤其是幼犬。一般抱回家的犬都是出生 2~3 个月的幼犬，这时的犬胃肠较弱，需遵循“少食多餐”的喂养原则，通常一天喂食 3~4 次，平均每隔 4~6 小时喂食一次；此外，这时的犬的抵抗力也很弱，生病概率较高；这都需要花费更多的时间和精力去照顾它，如果发现情况不正常，要及早送医，避免出现不可挽回的后果。当幼犬长大，还需要花费额外的时间陪它出去活动，你准备好了吗？

腊肠犬

你的性格

在养犬的过程中，为了使犬能够尽快地适应你的生活，就需要根据你自己的家庭生活环境，让它养成良好的生活习惯，这不仅需要付出一定的时间和精力，还需要具有爱心和耐心。

如犬的排便问题，由于幼犬还没有学会定时定点排泄，再加上其排泄次数又较多，因此，你必须时刻注意它的排便情况，并且要逐渐训练它学会到指定的地点定时排泄。而这种习惯的养成需要很长时间地练习，如果只是训练一到两次是完全不行的；除了犬的排便问题之外，还有一些其他行为习惯，如不可以让犬在某些地方啃咬骨头，不可以乱捡食地上的食物，不可以不经主人允许就跳上沙发或床，不可以对人乱叫，不可以在主人进食时讨食，不可以乱咬房间内的东西，也不可以将东西衔到其他地方乱丢等，这些都需要你去解决，如果你缺乏耐心，是很难坚持下来的。

你的经济条件

虽然，一只健康的犬不怎么需要费用，但是把新养犬带回家之前的体检是有必要的，以及定期驱虫，按时免疫等，还有每个月的固定开支，如食物、玩具、零食、洗澡等日常护理是不可缺少的。如果爱犬生病了，视病情的轻重缓急，医疗费用也有不同，也应考虑在内。

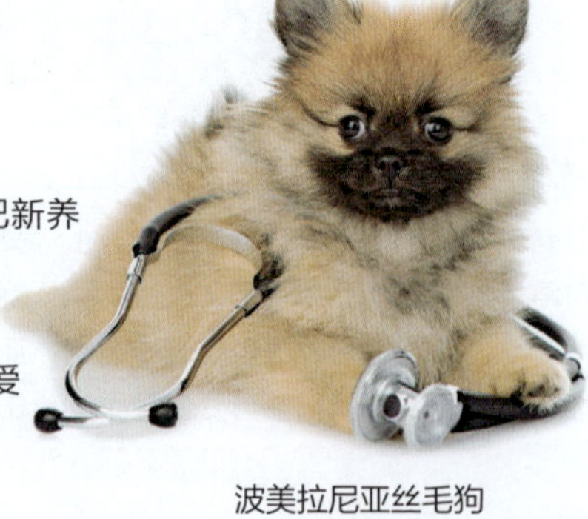

波美拉尼亚丝毛狗

你的家人

养犬，不仅是一个人的事情，更是一家人的事情。当幼犬长大，活动增加，开销增加，叫声变大，便便增多，会带给你的家人不必要的麻烦，如果你的家人怕吵、怕脏，甚至怕犬，或对犬的毛发过敏等，这些都会影响你能否继续养犬，因此，你的家人能否接受，也是养犬之前必须要考虑的事情。

你的孩子和犬

养犬会对你生养孩子产生一定的影响，这种影响也许并不会表现在实际上，而只是表现在观念上，尤其是家中长辈的想法和观念。他们大多会认为犬是危险的动物，在家里喂养的话可能会给幼小的孩子带来不可预测的危险。除此之外，犬的体毛也可能会对初生婴儿的气管带来影响。为了孩子的安全，他们可能会极力劝你把犬送走，而你已经与犬形成了一种很深厚的感情，自然就不舍得，这就有可能会引起一场不必要的纷争。因此，在养犬之前，你要充分考虑你的家人的意见，如果你还没有和你的家人，尤其是长辈达成共识，请务必慎重。

你的工作和犬

如果你因为工作的关系，需要经常出差或常出远门几天不在家，家中又无人代为照顾犬，可以到正规的宠物医院或宠物店寄养。虽然寄养会花一些费用，但是能够帮你按照家里的生活习惯及规律照顾爱犬，如果你既没时间照顾它，又不愿意将爱犬寄养，那么就不建议你养犬了。

杰克罗素梗

你会养犬吗

幼犬的照管

幼犬是指从出生到 18 个月的犬，这时的犬没有自我生存能力，需要人的全面照管。初生的犬应把它放在光线较暗的地方照管，因为初生的犬在约两周后才能慢慢睁开眼，再过 1~2 周才能看清东西，把它放在光线较暗的地方，可以保护它的视力，以免受到损害。

养育期

养育期的幼犬应以母乳喂养，必须保证每只幼犬都能吮吸到母犬的乳汁，避免身体较弱的幼犬因吮吸不到乳汁而影响其健康成长。

金毛寻回犬

适合幼犬的食物

1. 幼犬专用食品：如狗粮、罐头等。
2. 含钙量高的食品：补充天然钙类产品，促进骨骼和牙齿发育。
3. 幼犬专用奶粉：如幼犬专用的羊奶粉等。
4. 蛋黄：含有丰富的蛋白质，以及易吸收的维生素 A、钙及矿物质等。
5. 维生素和矿物质：体质较差的幼犬可额外补充一些维生素和矿物质，如“21 金维他”和幼犬金维他等。
6. 肉类：喂食不含脂肪的牛肉、猪肉、鸡肉等，因为脂肪容易变质；此外，还要注意喂熟肉，不要喂生肉。

贵宾犬

人工哺乳

哺乳期是幼犬生长发育的重要阶段。母乳是幼犬首选的最佳营养物质，但有时由于母犬死亡或缺奶，不能满足幼犬的营养需要，那需要人工哺乳。人工哺乳一般用鲜牛奶；幼犬出生后10天，白天每隔2~3小时喂一次，夜间每隔4~6小时喂一次，每只每天的哺乳量不少于100毫升；幼犬出生后10~20天，每天的哺乳量为200~300毫升；幼犬出生20天后，每天除喂食牛奶外，还应增加蛋黄、浓肉汤、豆浆或米粥等，以保证营养均衡；幼犬出生30天后，每天喂食牛奶六次。

澳大利亚牧羊犬

驱虫疫苗

预防疾病、促进健康的重要措施之一就是做好幼犬的驱虫和卫生工作。在幼犬断奶后，要经常梳刷和洗澡，可促进血液循环及新陈代谢，也可调节体温、抵抗疾病；要注意饮食卫生，食具要干净，饮用水要清洁；要保持犬舍卫生，及时清除粪便，经常打扫洗刷，以及定期消毒。

波尔多犬

日常运动

1. 幼犬喜欢追逐奔跑、嬉闹玩耍，只有这样才能保证它的运动量，如果运动量不足则容易导致精神压力过大，出现吠叫、啃咬等行为。
2. 幼犬要接触各种事物，如汽车、闹铃声、小孩、邻居家的幼犬、公园里的小动物、广场上的鸽子等，这样可以帮助它们养成良好的性格，等它们长大后，遇到困难不会害怕，可以利用经验随机应变，并进行自我调节。

爱斯基摩犬

日常护理

梳理被毛

1. 梳毛的顺序：依照从前向后、由上而下的顺序梳理毛发，即由颈部开始，再到肩部，依次是背、胸、腰、腹、后躯，然后再梳头部，最后是四肢和尾部，一侧梳完，再梳另一侧。
2. 梳毛的手法：应顺着毛的方向快速梳理，这里需要特别注意长毛犬的毛发梳理，不仅需要梳表面的长毛，还要梳下面的底毛（细茸毛），一般采取一层一层梳的方法，即表面长毛梳过后，翻起，再梳理底毛。

梳子的种类

犬的梳理工具一般有毛刷、弹性钢丝刷以及长而疏的金属梳。其中，毛刷可梳长毛的末端，使蓬松，但底毛（细茸毛）却梳不到；毛刷、弹性钢丝刷和长而疏的金属梳则可以梳理长毛犬。

宠物犬的床铺

床铺是跳蚤产卵的场所，因此，需要准备易清洗的床铺，并且要经常清洗以及在阳光下暴晒，还可在床铺上放一点薄荷，以防止跳蚤等寄生虫生长。此外，买床铺时，还要考虑床铺的大小尺寸，使幼犬长大后也能使用。

剃毛

犬的四肢是最不易剃毛的部位，特别是脚爪上方，这是因为：脚爪部分皮肤薄，毛细血管丰富，剃毛易使犬受伤；这里的毛发还常用来洗脸，如果被剃掉，会直接影响犬洗脸。因此，犬四肢的毛发通常不剃。

洗澡

1. 洗澡前一定要梳理毛发，尤其是口周围、耳后、腋下、股内侧、趾尖等处，越是犬不愿让人梳理的部位越要梳理干净。梳理时，一手握住毛发根部，一手进行梳理，这样可以减少犬的疼痛感。它的作用在于，一方面梳理开缠在一起的毛发，另一方面除去大块污垢，以便于清洗。

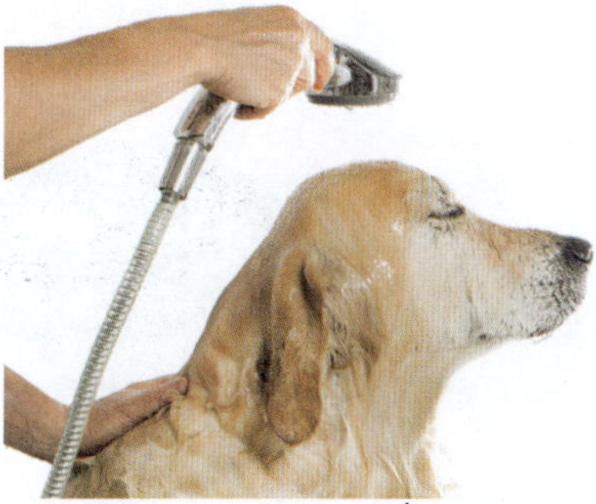

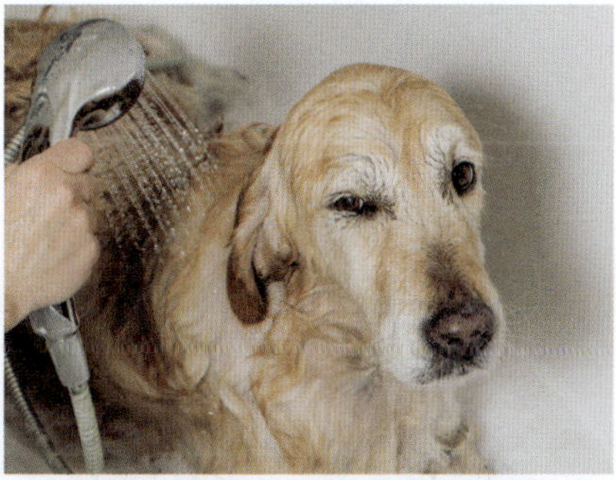

2. 洗澡的时间一般为上午或中午，空气湿度大或阴雨天则不进行；将澡盆放在较宽敞的地方，为犬洗澡留出足够的空间；洗澡水的温度一般以 36~37℃为宜，不能过高或过低。

3. 洗澡时，用专用清洁剂擦洗犬，并抬起犬的头，以防止水和清洁剂流到犬的眼睛或耳朵里；擦洗后，要用清水洗净泡沫，不要让清洁剂滞留在犬身上，以免刺激皮肤，引起皮肤炎症；最后，应立即用吹风机吹干或用毛巾擦干，切忌将洗完澡的犬放在阳光下晒干。

刷牙

犬的牙齿要进行定期护理，一般一周刷两次牙，可在宠物店买为犬特制的牙膏和牙刷，牙刷应尽量选用质地柔软、尺寸匹配的，这样可以使犬感到舒适。牙齿护理对犬的健康十分重要，一方面可防止牙垢形成，预防牙周炎之类的疾病，另一方面可以给犬清新的口气。

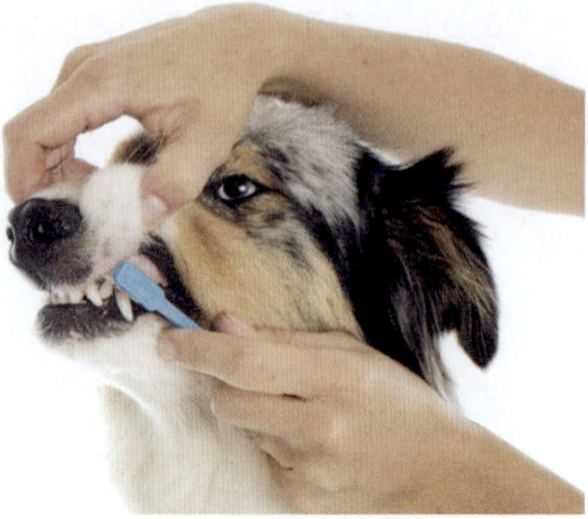

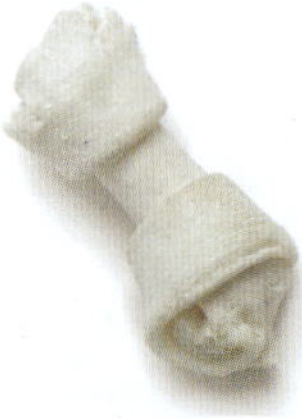

项圈、皮带

幼犬一般在六七周时开始戴项圈，进行训练则必须戴项圈。皮质项圈是人们最常用的项圈类型，当幼犬长大可适当调整项圈松紧。如果犬经常在外活动，还应在项圈上加标签，上面写明主人的家庭地址、电话号码等。

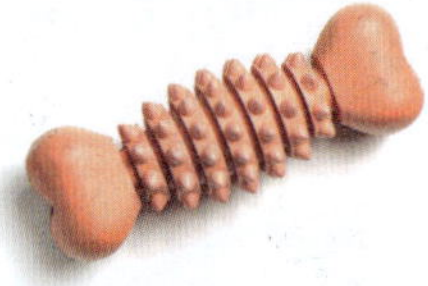

玩具

犬很喜欢玩耍，同时玩耍的过程也是训练和运动的过程，因此，需要为它们添置一些玩具。如拉圈和橡皮骨头可保持犬齿的良好状态，但要防止幼犬吞食。

犬碗

选用盛食物和水的碗需注意：首先，材料应便于清洗；其次，不要使用有毒塑料或劣质陶瓷制作的碗，因为犬会经常舔食，这些有害物质易使犬的健康受损；最后，陶瓷碗破损后必须立即更换，因为缺损处易划伤嘴巴、滋生细菌。

耳部清理

1. 耳部清理，首先要清理耳管旁的毛发，一般在洗澡前进行；先把犬耳反转，露出底部的毛，喷少量脱毛粉在底部的毛发上，再把粉揉进毛内，然后抓住毛发，顺着毛发生长方向迅速扯脱。

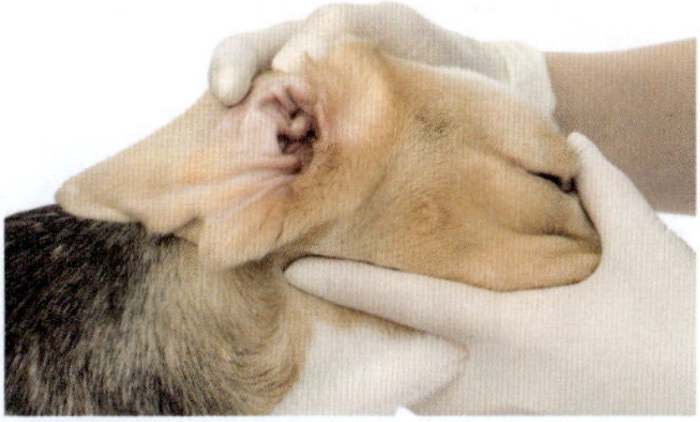

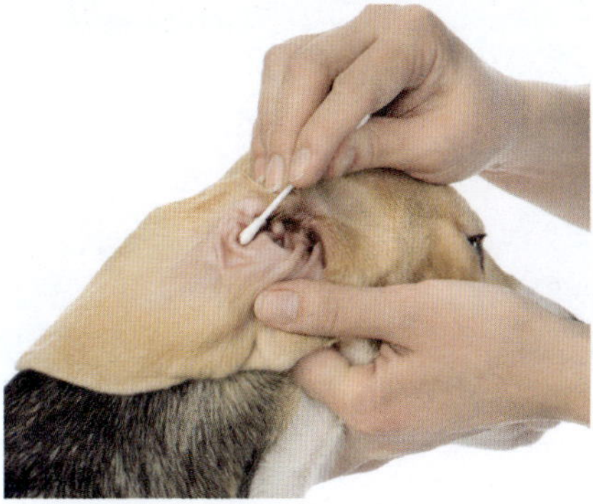

如果需要，还可用毛箝协助扯脱，但毛箝不能深入耳内太深，以免发生危险。毛发扯脱后，还要用洁耳剂浸过的棉签清洁耳朵内部，以防止耳朵发炎。

2. 要清除耳蚤；因为耳蚤的生命周期约为 10 天，因此，要连续 7 天用灭蚤喷雾喷杀已生的耳蚤，隔 10 天，再喷 7 天，以消灭刚孵出的幼蚤，只有这样才能彻底消除耳蚤；此外，耳蚤是可以传染的，如果家中有一只宠物患有耳蚤，那其他宠物就必须要接受治疗。

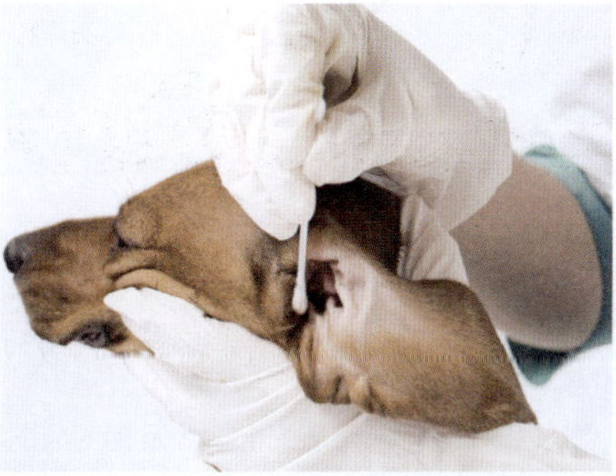

吃药

犬可服药物以治疗疾病，但由于药物一般都味道难闻、口感苦涩，犬很难下咽，甚至会趁主人不注意时偷偷吐掉，因此，在给犬喂食药物时，可采取一些方法；如果犬不是特别排斥药物，可用汤匙喂食，如果犬特别排斥，则可用注射管喂食。此外，还可通过注射药物的方法治疗一些疾病。

宠物犬的日常训练

变强迫为鼓励

驯犬通常会采取强迫和鼓励两种方法。以前，人们经常会采用强迫法驯犬，如拉犬的头，打骂它们，虽然也有一定的成效，但会给犬带来一定的心理压力，并疏远了人与犬的关系。现在，我们通常会用鼓励的方法驯犬，通过奖励（如表扬、食物、游戏等）强化它们的行为，这样不仅能促进犬的健康生长，还能加强人与犬的关系。

夸奖、抚摸

夸奖、抚摸是鼓励法的重要手段。训练的目的是为了教会犬某种技能，通过夸奖和抚摸，可让犬明白主人快乐情绪的表示方法，以达到强化训练的目的。

不攀比

在驯犬的过程中，要杜绝攀比心理，采取与之相适应的进度来训练，因为犬的能力不同，一定要对自家的犬有信心。

口令清楚

呼唤犬的口令要清楚，首先要先呼唤它的名字，以引起它的注意，然后再发出口令。为了使口令统一，可事先把口令及相对应的声音、信号或口哨等列出清单。

驯犬时，口令应语句简短、发音清楚，发出口令时，切忌带有发怒情绪的口吻，同时又要注意，不同性格的犬可采取不同的训练口气，如对神经质的犬要温柔或爽朗地命令它，对活泼好动的犬则要大声断然地命令它，饲养者可根据自己犬的性格选择相应的方式。

及时纠正

如果犬做了不可以做的事，应立刻大声果断地制止，一定要让它明白这件事是不可以做的，千万不要等到事后再来训斥它，因为这样它会不明白训斥的原因，不仅不能使它改正行为，而且时间长了，还会使它对主人产生不信赖感，渐渐地不再听主人的话。

杜绝体罚

在养犬的过程中，一定要杜绝体罚。犬通常会对人抱有非常强的警戒心，经常不明缘由地打罚，只能使它产生“被虐待”的印象，并且在这种环境中成长起来的犬会极度缺少安全感，虽然它会暂时迫于主人的威严而服从，但有时会攻击力量较弱的小孩或老人，甚至会咬伤人。如果犬不听从命令时，可用水枪冲着犬的脸射过去，这样大多数犬都会安静下来。

随时随地训练

训练要不受时间限制，随时随地进行，如在散步、吃饭、会客时，可教犬哪些是“该做”的事，哪些是“不该做”的事。

要有耐心

养犬者要有耐心，因为犬不是只训练一两次就能形成记忆的，需要不停地进行训练才能加强记忆。

培养适应能力

犬也有自己不喜欢的东西，通常面对自己不喜欢的东西，要么冲着它吠叫，要么捣毁它，这时，一定要有耐心，并用温和的声音对犬讲话，使它的情绪能慢慢平复，然后再让它接近自己不喜欢的东西，切忌对犬打骂，这样不仅不能解决问题，反而会使犬躲得更远。

第一章

小型犬

小型犬一般指成年后身高不超过 40 厘米，
体重不超过 11 千克的犬种。
小型犬的功能多为玩赏犬，具有体型小巧可爱，
性格活泼好动、聪明伶俐等特点。
它们不仅具有很好的观赏性，
还可以陪伴幼儿、老年人和患者等。
常见的小型犬主要有北京犬、八哥犬、博美犬、
西施犬、迷你雪纳瑞、蝴蝶犬、吉娃娃等。

别名：京巴、狮子犬
寿命：12~17 年　　**主要用途：**玩赏犬

北京犬

北京犬属于中国古老的犬种，四千年前就已经有了北京犬，它是“护门神麒麟”的化身。北京犬的平衡好且结构紧凑，身体的前半部重后半部轻，表现欲望很强，其外形与狮子相似。血统纯正的北京犬如今只存在少数，其余大多为混血品种。北京犬与自己主人的感情极其深厚，对待陌生人却生性猜疑。

➲ **饮食：**北京犬以素食为主，可加奶粉、钙粉和复合维生素粉，饮用水可以选择凉开水。

➲ **饲养小贴士：**炎热的夏季要避免犬在烈日下活动，必要时可将其移至通风阴凉处，并为其降温。

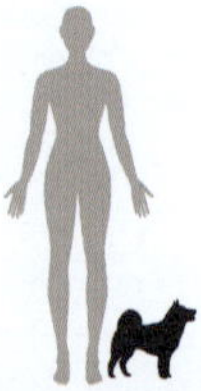

身高：18~23 厘米	体重：6 千克左右	个性：勇敢、大胆、自尊

鼻宽、黑色，而且
从侧面看非常短
嘴平，当嘴巴闭
合时，不露出牙
齿和舌头
身体呈梨形，且紧
凑，前躯重
被毛长、直、竖立着，
且有丰厚柔软的底毛
后腿适当的靠近，两
后腿平行，脚尖向前
胡须使整个面部
更有东方特征

别名：史纳莎、小髯犬
寿命：13~16 年　　**主要用途：**玩赏犬、捕鼠犬、看家犬

迷你雪纳瑞犬

迷你雪纳瑞犬聪慧、勇敢、有活力，适合家养，但它也有自己的弱点，它的右边是薄弱区域，它会为保护右边而行动。它非常喜欢与人类相处，这不仅是由于人能照顾它，给它吃住，更主要原因是犬跟人为伴，建立了感情。注意它的妒忌心十分强，当你忽略它而照顾其他犬时，它就会变得急躁并具有破坏性。

饮食：为了保证迷你雪纳瑞犬的营养均衡，要适当补充蛋白质和维生素；不要过量摄入盐分。

饲养小贴士：冬季，迷你雪纳瑞犬的毛发不宜剪得太短，以免影响保暖效果。

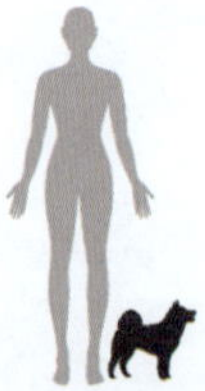

身高：30~40 厘米	体重：7~8 千克	个性：友好、聪明、活泼

别名：宫廷犬、祷告犬、袖犬

寿命：13~14 年　**主要用途：**伴侣犬

西藏猎犬

西藏猎犬活泼、自信、聪明，其外形非常匀称，身体的长度略大于肩高，它非常容易和孩子们打成一片，是很好的家庭宠物。虽然它的名字里带有猎犬二字，但是从不参与打猎活动，传说这类犬是用来祈祷的，通过训练，可以帮助僧侣转动传经桶，作僧侣的伴侣犬，还可以用来看家护院。

饮食：注意不能给西藏猎犬喂食巧克力、鸡骨、鸡蛋、生肉、动物肝脏，以及菌类等。

饲养小贴士：夏季，西藏猎犬要进行适当的游泳训练，以促进其体格发育。

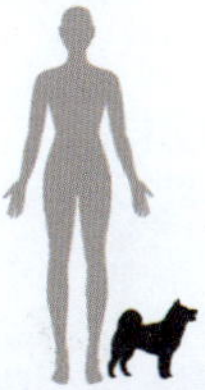

身高：24~25 厘米	**体重：**4~7 千克	**个性：**独立、自信

别名：八哥、哈巴狗

寿命：12~17 年　　**主要用途：**伴侣犬

巴哥犬

巴哥犬属于温柔可爱的小型犬，不需要经常遛它或给它整理被毛，但它需要有陪伴。巴哥犬活泼好动，玩性大，每天必须给予一定的活动时间。八哥犬的皱纹较多，走起路来摇摆酷似拳击手。它是以咕噜的呼吸声，还有抽鼻子的声音来作为沟通方式。八哥犬十分爱干净，受到人们广泛的喜爱。

➲饮食：八哥犬以喂食新鲜肉类为主，如牛肉、鸡肉、鱼肉等，鱼肉一定要剔刺；此外，还应注意不可喂食过量，因为喂食过量可导致其发胖，发胖则会影响形象。

➲饲养小贴士：巴哥犬不宜做剧烈运动，只在早晨和傍晚散步即可。

身高：25~28 厘米	体重：6~8 千克	个性：温顺、聪明、忠诚、友善

眼睛非常大，突出而
醒目，颜色非常深，
眼神充满安详和渴望
尾巴尽可能卷在
臀部以上部位
脚既不像野兔的脚那样
长，也不如猫脚那样圆，
脚趾分开良好，趾甲黑
被毛美观、平滑、柔
软、短、而有光泽
后腿很强壮、长度
适中，从后面看时，
两腿笔直、平行

别名： 西藏犬、拉萨狮子犬
寿命： 12~13 年　　**主要用途：** 伴侣犬、护卫犬

拉萨犬

拉萨犬原产于青藏高原地区，其体型和外貌酷似狮子，一直是护卫犬，但是生性却不凶悍，它可以很快地辨别出陌生人，非常适合当看门犬。拉萨犬的自尊心强、警戒性高、性格活泼，对自己的主人非常的温柔和顺从。它的长被毛非常漂亮，深受人们的喜爱。

➲ 饮食： 拉萨犬每天喂食肉类 180~380 克；喂食用温水调和的干素食料或少糖饼干 180~380 克。饮适量清洁水。

➲饲养小贴士： 拉萨犬的被毛长而茂盛，需每天对其进行梳理，并做好清洁卫生工作。

身高： 25~28 厘米	**体重：** 6~7 千克	**个性：** 敏锐、忠诚、坚强、勇敢

别名： 波美拉尼亚犬、松鼠犬

寿命： 10~12 年　　**主要用途：** 伴侣犬、看守犬

博美犬

博美犬属于性格外向活泼又不失庄重的犬种，走起路来步态骄傲，并且非常的聪明，是非常优秀的伴侣犬，同时也是极具竞争力的比赛犬。它的个性非常忠实、友善，它虽然属于娇小类型的犬种，但是在遇到突发状况时也会展现其勇敢、凶悍的一面。

➲ 饮食： 博美犬不要喂食过量，只需七分饱即可；饭后最好不要让其跑跳，否则刚吃下的食物容易吐出来。

➲ 饲养小贴士： 因博美犬被毛丰厚，换毛期脱毛量大，应经常保洁护理，每周洗一次澡为宜。

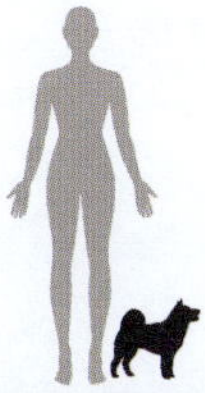

身高：18~22 厘米	体重：3.5 千克以下	个性：警惕、聪明、忠诚、友善

别名：狮子犬、菊花狗
寿命：12~14 年　**主要用途：**伴侣犬

西施犬

西施犬的外形非常漂亮，是很受欢迎的玩赏犬，适合家居生活。西施犬属于小型犬种，如果处于突发状况，它也会展现出勇敢的一面，既可爱又忠实，这就是人们喜欢它的原因。但是西施犬很厉害，对主人也会凶，所以建议等孩子长大再养这种犬比较合适。

➲ 饮食：夏季，西施犬的食物最好是经加热处理后放凉的新鲜食物，且不宜喂食过量。

➲ 饲养小贴士：西施犬的毛发较长，要经常用针梳或猪鬃毛梳梳理，此外，为了便于梳理，还需用顺毛喷雾。

身高：不超过 27 厘米	**体重：**4~8 千克	**个性：**开朗、友善、活泼、自命清高

尾根部位置高，几乎与额头水平，使体态显得匀称
后腿骨骼发达，肌肉丰满，覆盖有被毛，显得腿粗壮
鼻的顶端与下眼睑在同一直线上或略低
颈足够长，使得头高高抬起
鼻孔宽，朝天
前腿直，与宽阔的前胸保持同一平面

别名： 特内里费狗
寿命： 12~14 年　**主要用途：** 伴侣犬

比熊犬

比熊犬具有很好的记忆力，相比其他犬种不是很聪明，但它对人的依赖感很强，非常友善，生性乐观，很容易因为小事情而满足。它对陌生人也会表现出凶猛的一面。它需要人的长时间陪伴，对居住环境要求也很高，时间宽裕的家庭适合养比熊犬。

➲ 饮食： 比熊犬的饮食主要是每天喂食约 150 克的肉类，并加用水调和的等量干素料或饼干；肉类、干素料或饼干都需煮熟，然后再切碎、调拌。

➲ 饲养小贴士： 比熊犬精力旺盛，要保证它每天有足够的活动量，最好每天活动两次，每次 30 分钟，可散步，也可做游戏。

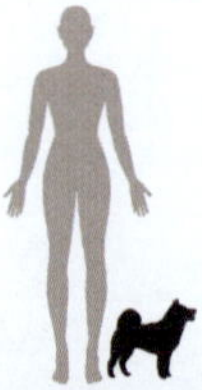

身高： 24~29 厘米　|　**体重：** 3~6 千克　|　**个性：** 友善、活泼、勇敢、机警

别名：马尔济斯犬、马耳他岛猎犬
寿命：14~18 年　**主要用途：**伴侣犬

马耳他犬

马耳他犬身高不高，性格倔强、勇敢、顽强，但是外形却非常的温顺可爱，一身白色被毛华丽如丝，观赏价值很高，很受人们的欢迎。它与自己的主人感情很深厚，甚至是非常依赖，但它对陌生人很敌视。

饮食：马耳他犬的食物为煮熟切块的肉类，加用水调拌的等量干素料或不含糖的饼干。

饲养小贴士：马耳他犬需要一定的活动量，可散步，也可做游戏，能增强它的消化和吸收能力。

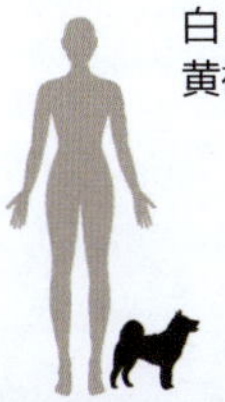

身高：20~24 厘米	**体重：**3.2 千克左右	**个性：**文雅、深情、热情、活泼

别名： 中国无毛犬、半毛犬、中国裸体犬
寿命： 10~12 年　　**主要用途：** 伴侣犬

中国冠毛犬

中国冠毛犬的头顶有毛，跟清朝官员的帽子很相似，所以被叫作中国冠毛犬。它身上的被毛很少，不需要经常的梳理被毛，很干净，且性格温和，适合与小孩做伴，但是不适合炎热的天气，较难适应寒冷的气候。它很专一，对主人很依赖，主人如果不在家，基本都是待在自己的空间里等主人回来。

➲饮食： 中国冠毛犬的食物以肉类荤食为主，但也需喂食一定的蔬菜或饼干；比较贪吃，一定要适量喂食；缺少前臼齿，不能啃食骨头。

➲饲养小贴士： 中国冠毛犬的运动量不宜过大，只在室内走动、小跳、散步即可。

身高： 23~33 厘米	**体重：** 2~5.5 千克	**个性：** 开朗、活泼、机智、勇敢、警惕性高

杏仁状的眼睛分得很开。眼圈的颜色和身上的颜色相称
耳朵大且竖立，未剪耳
无毛犬类品种，只在身体的几个部位有被毛：头部、尾巴、前腕和后腕
面颊逐渐变细，使嘴巴呈清楚的锥形
深色犬的鼻镜呈深色，浅色犬的鼻镜呈浅色
四肢长、细、直

别名：奇娃娃、奇瓦瓦、芝娃娃
寿命：13~14 年　　**主要用途：**伴侣犬

吉娃娃

吉娃娃是小型的犬中最小型的犬，对外来的同品种的犬有敌意，对主人有独占心理，它十分勇敢，能在大犬面前保护自己。它不仅可爱，还具备大型犬的狩猎与防卫的本领，有梗类犬的特质。吉娃娃不抗寒，适合养在室内，冬天外出需加外衣御寒。动作迅速，以匀称的体格和娇小的体型广受人们的喜爱。

饮食：体型一般的吉娃娃每天食用肉类 60~90 克；体型较大的吉娃娃则每天食用肉类约 150 克，再加等量的蔬菜和饼干；食物要以温热为宜。

饲养小贴士：吉娃娃怕冷，受寒后患肺炎和风湿性关节炎的概率很高，因此，在冬季一定要注意保暖。

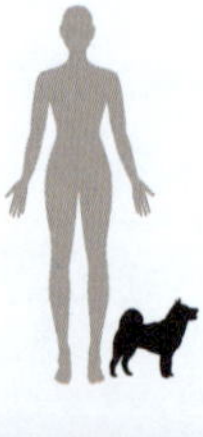

身高：15~23 厘米	体重：1~3 千克	个性：优雅、警惕、勇敢

耳朵大，立耳，在警觉时保持直立
尾巴长短适中，呈镰刀状高举或向外，或者卷在背上
被毛覆盖犬身并有毛领尾佳，且头部和耳朵上被毛稀疏
脚纤细，脚趾在纤秀的小脚上恰到好处地分开，脚垫厚实
后肢肌肉强健，距离适当，不太靠里或太靠外，强壮且坚固
眼睛很大但不突出，匀称，呈现明亮的黑色或红色

别名：狐狸玩具梗
寿命：12~13 年　　**主要用途：**伴侣犬

美国玩具梗

美国玩具梗有一种健将的风采，它的体型发育非常匀称，且成熟机敏、精力充沛。经常被当作展示犬使用，同时也是优秀的伴侣犬。它依然保留了猎犬的特性，在野外它会非常的兴奋，进行野外狩猎活动。经过训练后它也可以成为残障人士的助理犬。

➲ 饮食：美国玩具梗需每天喂食肉类 60~90 克，还要喂食等量的蔬菜和饼干，注意食物要以温热为宜。

➲饲养小贴士：美国玩具梗怕冷，受寒后易患肺炎和风湿性关节炎，因此，一定要注意给它保暖。

身高：25 厘米左右	体重：2~3 千克	个性：可爱、活泼、机敏

别名： 松鼠猎鹬犬
寿命： 11~13 年　　**主要用途：** 伴侣犬

蝴蝶犬

蝴蝶犬的头部色彩很丰富，左右呈对称状，两只耳朵非常像是蝴蝶的翅膀，整个头部看起来就像一只美丽的蝴蝶，因此叫作蝴蝶犬。它很容易与人亲近，对主人的独占欲望强烈，但对陌生人较冷漠。由于它外形漂亮，体型又小巧玲珑，所以是女性所钟爱的犬种。

饮食： 蝴蝶犬每天食用肉类约 150 克，再加上等量的素食或无糖的硬饼干。同时要为它准备适量清洁的凉开水。

饲养小贴士： 蝴蝶犬喜欢运动，应保证它每天都有适当的运动量，这样可增加食欲、促进消化，起到增强体质的作用。

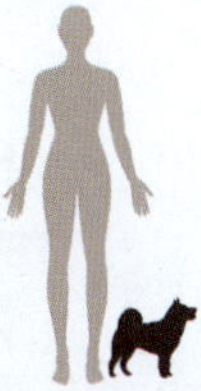

身高：20~28 厘米	体重：2.5~5 千克	个性：平和、活泼、顺从、快乐

别名： 可卡猎、斗鸡猎、斗鸡犬
寿命： 12~15 年　**主要用途：** 伴侣犬

美国可卡犬

美国可卡犬直站时，前腿会绷直，肩部耸起，后躯肌肉发达，略微下倾。可卡犬奔跑起来的速度很快，耐力也很好，在运动中显示出很好的平衡性，并且工作欲望强烈。它性情温和又不失机警，深受女性和儿童的喜爱，对主人和家人充满爱心和忠诚，适合家养。

饮食： 为了防止肥胖，不要给美国可卡犬喂食脂肪和蛋白质含量丰富的食品，以免影响体质和寿命；不要放纵它的饮食，一定要定时定量。

饲养小贴士： 美国可卡犬的毛发较长，易缠结，每天都需要梳理；洗澡的时间为每 8~10 周洗一次；它的耳朵为垂耳，易患耳病，需常清洁耳道。

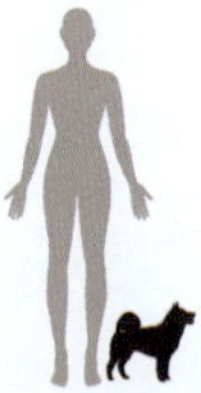

身高：34~38 厘米	体重：10~13 千克	个性：温和、活泼、友好、机警

鼻孔发达，鼻子有足够的尺寸与口吻部和前脸保持平衡
眉毛分明，眼部以下的骨骼结构轮廓分明
胸深，不高于肘部，躯体前部有足够的宽度以容纳心和肺
后腿无论在静止或运动时均保持平行，骨骼强壮，肌肉发达
两前腿平行，骨骼强壮，肌肉发达，紧靠身体，位于肩胛的正下方
身体上的被毛中等长度，有丰厚的底层被毛保护身体

别名：约克郡梗、约瑟犬
寿命：12~16 年　　**主要用途：**工作犬、伴侣犬

约克夏梗

约克夏梗个子很小，却非常勇敢，聪明、忠诚又富有感情，小巧迷人，很受人们的欢迎。约克夏梗的动作敏捷而轻快，对主人忠心、热情，对陌生人则保持距离。它会毫不犹豫地攻击其他犬，即便是比自己大的犬。约克夏梗有捕捉老鼠的习惯，身上的毛很不容易打理，适于室内生活。

➲ 饮食：约克夏梗应少食肉类，多食蔬菜；夏季的食物最好是加热后放凉的新鲜食物；食物的食用量应适当，不要有剩余；多提供清洁的饮用水。

➲ 饲养小贴士：约克夏梗的被毛需定期梳理，经洗澡、修饰、扎毛才能保持其柔顺、有光泽，也保持了它典雅、尊贵的姿容。

身高：约 23 厘米 | **体重：**3.2 千克 | **个性：**活泼、生气勃勃、勇敢

别名：哈瓦那比雄犬
寿命：14~15 年　**主要用途：**伴侣犬

哈瓦那犬

哈瓦那犬是短腿小型犬，毛发非常柔软和厚密，尾巴上有很多毛，呈弯曲状翘向后背，是一种富有感情的犬。哈瓦那犬走路的姿态很特别，富有弹性，前腿直线行走，后腿也会趋于同一直线向前行走，肩部活动自由。

饮食：哈瓦那犬体重较轻，食量也较小，只需肉类与蔬菜适度搭配即可。

饲养小贴士：哈瓦那犬性格安静，不喜运动，偶尔带它出去散步就可以了。

身高：20~28 厘米	**体重：**3~6 千克	**个性：**敏感、友善、活泼、可爱

别名：查理士王小猎犬
寿命：9~12 年　　**主要用途：**伴侣犬

骑士查理王猎犬

骑士查理王猎犬长相华丽、大方，并且非常喜欢运动，十分勇敢。不需要经过修整、雕琢或人为改变就十分具有贵族的优雅气质。查理王猎犬动如脱兔，在玩乐的时候活力十足，不动的时候则静如处子，能够在众人面前表现出优雅的气质，在这一动一静之间，查理王猎犬总是能自由转换，恰当控制，这就是人们爱它的原因。

饮食：骑士查理王猎犬每天应喂食肉类 200 克左右，再加等量的干素料或饼干。

饲养小贴士：骑士查理王猎犬喜运动，应保证它每天都有一定的运动量，可以经常带它出去活动。

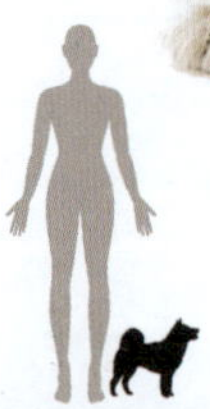

身高：30~33 厘米 | **体重：**5.5~8 千克 | **个性：**活泼、文雅、可爱、勇敢

眼睛大且圆，但不突出，两眼距离适中，颜色呈温和的、非常深的褐色
颈部长短恰当，没有松弛的喉部，肌肉发达，并形成轻微的弧度
从背后看，两条后腿相互平行
耳朵位置高，长有许多饰毛，具宽宽长长的垂耳
中等长度、丝质、卷曲的被毛

别名： 佐罗兹英特利犬
寿命： 12~15 年　**主要用途：** 安慰犬、伴侣犬

墨西哥无毛犬

墨西哥无毛犬的皮肤呈粉红色，皱巴巴的皮肤上布满了雀斑，在两耳之间、下颚，以及尾巴末端有黄褐色毛发覆盖。它的尾巴跟老鼠尾巴很相似，它曾被作为暖床犬和宠物，但是不太受人们喜爱。由于它本身无毛，所以自身的体温偏高。

饮食： 墨西哥无毛犬每天应喂食适量的肉类，再加等量的干素料或饼干。同时要为它提供干净的饮用水。

饲养小贴士： 墨西哥无毛犬的运动量不宜过多；要注意保护墨西哥无毛犬的皮肤，不仅要注意防寒和清洁卫生，还要提防其是否对某些纺织品过敏。

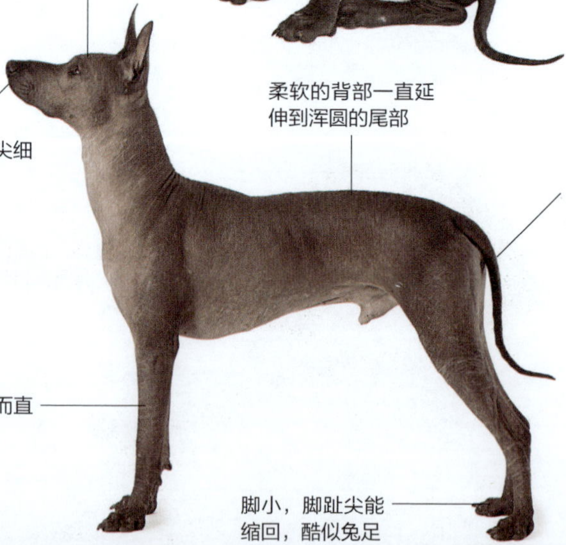

身高： 28~31 厘米	**体重：** 4~8 千克	**个性：** 机灵、活泼、友善、欢快、安静

别名：狐狸狗
寿命：10~12 年　　**主要用途：**玩赏犬

小型德国狐狸犬

小型德国狐狸犬是由拖雪橇的大型狐狸犬遗传下来的品种，外貌与狐狸相似。这种犬性格活泼、聪明，而且表情充满智慧。小型德国狐狸犬的毛色以纯白比较常见，也会出现黑色、橙黄色、黄色等毛色。它对自己的主人很忠实，良好的记忆力使它受训起来也很快，广泛受到人们的喜爱。

➲ **饮食：**小型德国狐狸犬每天需喂食适量的肉类，再加等量的干素料或饼干。还要为它提供干净的饮用水。

➲ **饲养小贴士：**小型德国狐狸犬不需要太大的活动量，偶尔带它出去散步即可。

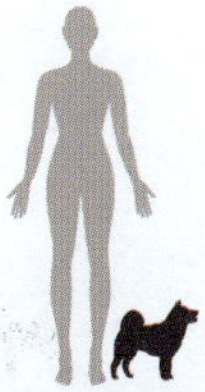

身高：23~28 厘米	体重：8~10 千克	个性：活泼、顽皮、聪明

别名： 贵妇犬、卷毛犬
寿命： 14~17 年　**主要用途：** 伴侣犬

迷你贵宾犬

迷你贵宾犬的智商仅次于边境牧羊犬，是世界上第二聪明的犬种。迷你贵宾犬是需要修剪和精心美容的，使它具有与众不同的神态，散发出特有的高贵气质。它们聪明好学，在马戏团中很容易见到。虽然它的毛能被修剪成各种形状，最常见的是狮子状和羊羔状，十分受人们的欢迎。

饮食： 可用狗粮搭配蔬菜和鸭肝喂食迷你贵宾犬；每月需带它去草地吃一次草，这叫洗肠胃，它会把草吃掉，然后再吐出来。

饲养小贴士： 迷你贵宾犬每天需运动 20~40 分钟，也可在这段时间训练它一些高难度动作。

身高：25~38 厘米	体重：6~9 千克	个性：聪明、快乐、温顺、安静、可靠

鼻子明显且发育良好，枕骨垂直，鼻孔张开
眼睛颜色非常深、呈卵形，两眼距离足够远，表现出警惕、聪明的表情
背部坚实，肌肉发达
尾巴直，尾根位置高，尾巴上举
颈部结实，颈背后略微拱起，长度中等
后腿直，两后腿相互平行，肌肉发达且非常明显
前腿非常直，两前腿相互平行，优雅，肌肉发达，骨骼良好

别名： 小狮子狗
寿命： 12~15 年　　**主要用途：** 玩赏犬

罗成犬

罗成犬最初在欧洲贵族阶层很流行，后来逐渐减少，现已成为全世界最稀少的品种之一。罗成犬生性温驯、聪明伶俐，常被修剪成小狮子的模样，它的身躯紧凑而匀称，表情很丰富，脑袋和口吻相对较短而宽，它在行走时步态高傲、活泼。

➲ 饮食： 罗成犬每天需食用新鲜肉类 150 克左右，再加等量的素食，以及无糖或低糖的硬饼干。饮用水提供清洁的凉开水即可。

➲ 饲养小贴士： 罗成犬每天需要一定的运动量，活动时间以30分钟为准。

身高：25~33 厘米	体重：4~8 千克	个性：温柔、积极、欢快、活泼

别名： 日本狆犬

寿命： 12~13 年　　**主要用途：** 伴侣犬

日本狆

日本狆的外形与北京犬相似，这种犬感情丰富，对主人很忠心，是十分有趣的家庭犬，对熟悉和喜欢的人充满感情，而对陌生人或新情况有警觉。它很敏感，向主人撒娇被拒绝时，会显得多愁善感。日本狆的神态高傲，举止潇洒，性情幽默，又喜欢表现自己，也是品种优良的展示犬。

➲ 饮食： 日本狆每天需食用适量的新鲜肉类，再加等量的素食、无糖或低糖的硬饼干。每天还要为其准备适量清洁的凉开水。

➲ 饲养小贴士： 日本狆需每天梳理被毛；保持眼部清洁，可用硼酸水洗眼；保持耳部清洁，防止污垢堆积。

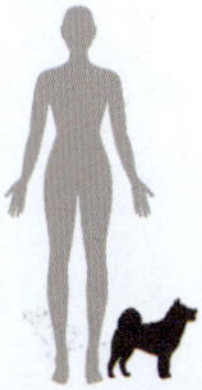

身高： 23~25 厘米	**体重：** 2~5 千克	**个性：** 活泼、好奇、警惕、聪明

别名：可卡猎鹬犬
寿命：9~11 年　**主要用途：**猎鹬犬

科克犬

科克犬是理想的寻猎犬，它的身躯健壮而紧凑，鼻子宽大，嗅觉灵敏，嘴巴较大，鼻梁较深，能够精准又仔细地衔咬东西。它的性情开朗、聪明，有时又会非常顽固，在激动和兴奋的时候，尾巴会一直激烈地摇摆，狩猎时会表现得尤其明显。给予科克犬足够的爱护，它会成为忠实的伴侣。

饮食：科克犬的幼犬出生 50 天左右要断奶，然后喂食牛奶和其他易消化的食物；等长到 2~4 个月，再喂些生鱼、生肉、鲜菜，以及骨粉等营养丰富的食物。

饲养小贴士：养犬者必须经常梳理、修剪科克犬四肢和耳朵上的被毛；还要保证科克犬有足够的运动量，以避免其肥胖。

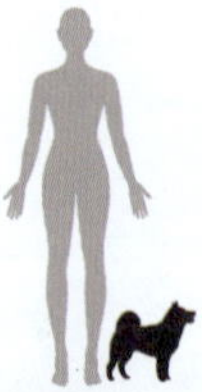

身高：35.5~38 厘米　**体重：**13~15 千克　**个性：**开朗、聪明、顽固

脑袋圆，但不夸张，
也不趋向平板状
耳朵呈叶片状、
长，耳郭精美
颈部有充分的长度，
允许鼻子能轻松地伸
到地面
两前腿彼此平行、
直，骨骼和肌肉强
健，位置贴近身躯
脚紧凑、大、
圆而稳固
后腿的骨骼和肌肉
强健，膝关节角度
适中，大腿有力
背线略微向肌肉
发达的后腿倾斜

别名：巴塞特猎犬
寿命：12~13 年　　**主要用途：**狩猎犬、伴侣犬

巴吉度犬

巴吉度犬是备受赞誉的痕迹追踪犬，擅长在崎岖不平的陆地上工作。它性情温和，动作沉稳但不显笨拙。有很强的耐力，工作也很投入，在空旷地区，可长时间进行工作。巴吉度犬原被训练为专门捕捉野兔、雉鸡等的猎犬，其腿虽短，但因具有敏锐的嗅觉和长久的耐力，仍是追捕猎物的优秀犬种。

饮食：在配种季节，巴吉度犬的种公犬要适当增加矿物质和维生素的摄取量，因此，可在它的食物中适当增加牛奶、瘦肉、鱼肝油、鸡蛋及胡萝卜等，每天喂食两次，要以八成饱为宜。

饲养小贴士：巴吉度犬经常流口水，需经常帮它清理；此外，耳朵每天也需清洁。

头部略呈拱形，后枕骨突出，且十分清晰

前腿短而有力，骨骼重，皮肤带有皱纹

背部呈水平，无凹凸不平的地方

略微凹陷的眼睛，呈褐色

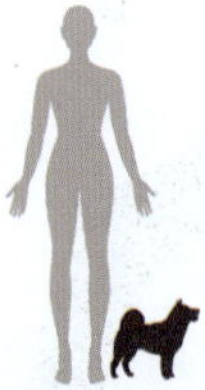

身高：33~38 厘米	体重：21~25 千克	个性：聪明、柔顺、伶俐

鼻镜色素沉积充分，呈暗黑色
颈部长而有力，略呈圆拱形
两后腿互相平行，飞节不向内弯曲，也不向外翻转
耳朵非常长，位置低，向前拉的话，可以超过鼻尖
平滑而浓密的被毛短而硬
尾巴位于脊椎延伸的位置，略微卷曲

别名： 瑞典达契斯布雷克
寿命： 14~17 年　　**主要用途：** 狩猎犬

瑞典腊肠犬

瑞典腊肠犬与其他小型猎犬的共性很多，但相对来说它的身体更长，腿脚较短，它有灵敏的嗅觉和响亮的吠声，用来狩猎野兔、狐狸、野猪等动物，猎人可以根据其叫声判断方位来追随，即使在密林中也不会跟丢。

饮食： 瑞典腊肠犬需要补充足够的矿物质和维生素，如果矿物质和维生素不足，会影响其骨骼的发育，并会降低其对疾病的抵抗能力。

饲养小贴士： 瑞典腊肠犬需要每天散步，最少两次，一次至少 20 分钟，千万不能把它整天关在家里。

身高：29~41 厘米	体重：15 千克左右	个性：机警、友善、聪明

别名：獾狗

寿命：14~17 年　　**主要用途：**狩猎犬

迷你腊肠犬

迷你腊肠犬有一项特殊的技能就是抓老鼠，追踪猎物时，它具有惊人的耐性及体力。这种犬的嗅觉敏锐，体型很像小型犬，可以很自由地入洞驱赶兔子、狐狸等猎物。常有滑稽的举动，很容易训练，对陌生人充满戒备但是忠于主人。其所有的感官都相对发达，在地面或地下工作时展现出永不放弃的精神。

饮食：水对迷你腊肠犬来说极其重要，如果水分不足将会对腊肠犬的生命有重大影响，因此，必须给予它足够的新鲜饮用水。

饲养小贴士：迷你腊肠犬不适宜进行跳跃，也不适宜握住前腿拉起它或让其上下高层楼梯，以免它脊椎骨移位或导致其他疾病。

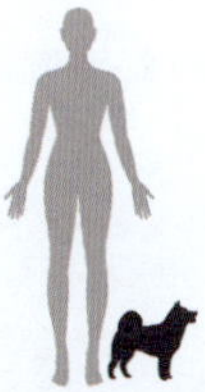

身高：13~23 厘米	**体重：**4~5 千克	**个性：**聪明、勇敢、好奇

别名：库依克豪德杰犬、小型荷兰水禽猎犬
寿命：12~15 年　**主要用途：**猎水獭

科克尔犬

科克尔犬具有很好的教养，不会乱吠，散步时会始终跟着主人的脚步，不易跟其他犬发生冲突。科克尔犬在觉得孤独的时候会发出“呜呜”的声音，在开心欢快的时候才会叫几声，生性安静，它的尾巴还可用来引诱野鸭子。

饮食：科克尔犬应每天用煮熟、切碎的新鲜肉类、蔬菜约 300 克，与等量的麦片、饼干等熟干素料加少量水调和后喂食。

饲养小贴士：科克尔犬的运动量较大，但也较能适应城市生活；应做好科克尔犬的清洁卫生工作，尤其是要经常梳理其被毛和检查耳朵。

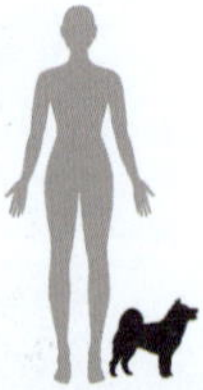

身高：35~41 厘米	体重：9~11 千克	个性：勤奋、聪明、温顺、害羞

别名：米格鲁猎兔犬

寿命：12~15 年　　**主要用途：**猎兔犬

比格犬

比格犬体型较小，很容易驯服和抓捕，有“动如风，静如松”之称。对主人的感情很深厚，善解人意，非常受人们的欢迎，成为家庭犬。但由于比格犬成群时喜欢吠叫、吵闹，所以最好单只喂养，可以纠正其乱叫的毛病，避免扰邻。

饮食：比格犬吃东西无度，但吃多了容易发胖，然后随之会带来心血管等方面的疾病，因此，必须控制食量。

饲养小贴士：比格犬体能过盛，每天都需要做大量运动，如果它的没有运动量没有得到满足，就可能会导致它情绪不好，甚至可能会引发破坏行为。

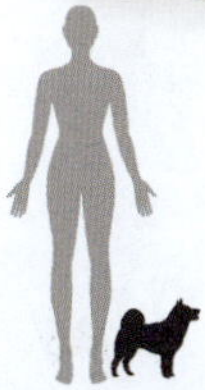

身高：33~41 厘米	体重：7~12 千克	个性：可爱、开朗、服从

别名：绵羊犬
寿命：14~15 年　　**主要用途：**梗犬、斗犬、伴侣犬

贝德灵顿梗

贝德灵顿梗的外表酷似小绵羊，看起来非常的可爱，但是它却有争强好争的性格。最初是当作猎犬使用，用来猎取狐狸、野兔和獾，经过改良，贝德灵顿梗逐渐变得温顺起来，现在是很好的居家伴侣犬。这种犬不会脱毛，适宜爱干净的爱犬人士饲养。

饮食：不要让贝德灵顿梗在喂食前后做剧烈运动；成年犬需每天早晚各喂食 1 次，晚上可稍微多喂一点。

饲养小贴士：贝德灵顿梗的被毛不易修剪，第一次修剪最好由专家来做。

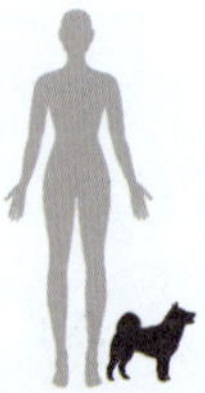

身高：38~43 厘米	体重：8~10 千克	个性：机敏、温顺

别名： 黑色褐别
寿命： 大约 15 年　　**主要用途：** 梗犬

曼彻斯特梗

曼彻斯特梗个性严谨、忠实，能分清敌我，个性安静，对其他犬也很友善。曼彻斯特梗是靠视觉来狩猎的，常用来猎兔、捕鼠。此犬勇气十足，动作敏捷，经过改良，保留了原有的活泼与机敏，改善了粗野和急躁的性格。

➲ 饮食： 曼彻斯特梗需要用煮熟、切块的肉类 200 克，加等量的蔬菜、粮食、饼干、烧饼等熟素食调拌后喂食。

➲饲养小贴士： 曼彻斯特梗不宜整天关在室内，最好能每天让它在室外自由活动1~2小时，如果能带它出去散步则更好。

身高： 37~42 厘米	**体重：** 7.5~8 千克	**个性：** 活泼、勇气、机敏

别名：博得猎狐犬
寿命：11~12 年　　**主要用途：**梗犬、伴侣犬

边境梗

边境梗体型娇小，是最小的梗犬之一，身上有厚实、起伏不平但很贴身的被毛，可以抵御恶劣的气候。长着有同水獭相似的脑袋，在外出狩猎时会跟着马匹奔跑，能够应付狐狸或者是獾。身躯狭窄，可以钻过狭窄的缝隙，也能克服复杂的地形，甚至钻进狐兔的洞穴猎取动物。

饮食：边境梗不挑食，但要营养均衡，尤其是要保证蛋白质和维生素的摄入量。

饲养小贴士：边境梗需要每天在大活动场内活动 2~3 次，每次约 30 分钟，这样才能保证它的日常运动量。

身高：25 厘米左右	**体重：**5~7 千克	**个性：**活跃、殷勤、友善

小耳，呈“V”字形，中等厚度
头稍平，大小适中
鼻黑，外形美观
尾中等稍短，尾根
至尾尖逐渐变细
在短而致密的底毛
上覆盖着一层较硬
的粗毛
颈部干练，肌肉丰
满，长度刚好，与
其外形相称
后腿肌肉发达，适
于奔跑，大腿长而
结实

别名：无

寿命：12~15 年　　**主要用途：**梗犬、伴侣犬

凯恩梗

凯恩梗是一种强壮、活跃、勇敢的小型梗犬，擅长追踪处于石堆里的老鼠、狐狸，有时也可以对付凶猛的猫科动物，通常用来猎兔、鼹鼠、水獭等。凯恩梗与人和善，喜欢玩闹，是理想的家庭犬，其自然的外形深受人们的喜爱。

➲ 饮食：凯恩梗的食物最好是经加热后放凉的新鲜食物。

➲ 饲养小贴士：凯恩梗应避免在烈日下活动，犬舍也应移至阴凉处，如果天气炎热，还可经常给它洗冷水浴。

身高：25~30 厘米	**体重：**6~7.5 千克	**个性：**聪明、忠诚、活泼

别名：佩特戴尔梗
寿命：10~12 年　**主要用途：**梗犬、猎狐犬、伴侣犬

湖畔梗

湖畔梗体格壮硕，性格活泼且温驯，它的体形瘦长，可以顺利地钻进石洞；它的腿部很长，可以适应各种崎岖的地形。过去经常用来猎取小动物如獾、狐狸和水獭等，甚至可以在水中和高低不平的地形里追杀猎物。湖畔梗容易与人亲近，时刻充满自信。

饮食：湖畔梗每天需用煮熟、切块的新鲜肉类，与等量的低糖饼干等干素料用水调拌后喂食。

饲养小贴士：湖畔梗爱动，每天都需要一定的活动时间，可以带它上街，也可以带它到公园散步。

头呈直角形，口吻部强劲有力

前腿强壮，笔直

脚圆，指向前方，脚趾强壮结实

双重被毛，外层刚硬，底层紧贴皮肤表面

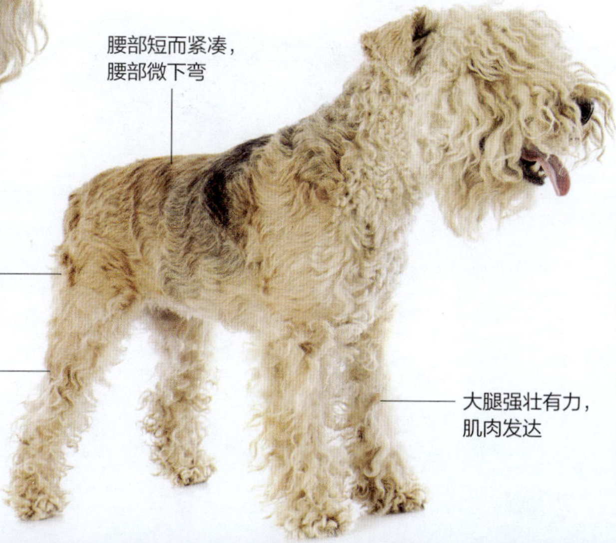

腰部短而紧凑，腰部微下弯

躯干强壮丰满

后腿自然成角，但不影响前后对称

大腿强壮有力，肌肉发达

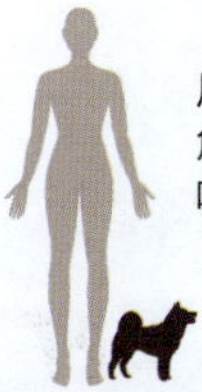

身高：33~38 厘米 | **体重：**7~8 千克 | **个性：**快活、友好、自信

别名： 无

寿命： 10~12 年　　**主要用途：** 斗牛梗、伴侣犬

迷你牛头梗

迷你牛头梗肌肉很发达，性格活泼且温顺，时刻充满精力，喜欢和人做伴，对其他犬则缺乏耐心。迷你牛头梗看去非常强壮凶猛，实际上很平和，它待人亲切，体贴耐心，照顾得当，可成为忠实的家庭犬。

饮食： 迷你牛头梗应少食肉类，多食蔬菜；夏季，其食物最好是经加热处理后放凉的新鲜食物；喂食要适量，最好不要有剩余；多让其饮用一些清水。

饲养小贴士： 迷你牛头梗精力旺盛，运动量很大，最好每天有两次户外运动时间，每次约 30 分钟，散步、做游戏等皆可。

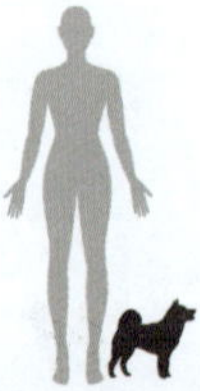

身高：25~35 厘米	体重：11~15 千克	个性：热情、勇敢、平和

头长而结实，吻部狭长，
面部轮廓呈椭圆形
鼻部为黑色，鼻孔在鼻
头稍朝下生长
尾短，尾根部较粗
颈部肌肉强健、
长，呈拱形
后腿肌肉发达，
肘关节下沉

别名： 无

寿命： 13~14 年　　**主要用途：** 梗犬

硬毛猎狐梗

硬毛猎狐梗的警惕性很高，动作敏捷，其眼睛、耳朵和尾巴的姿势很奇特。其眼睛颜色深且小，眼神充满热情，耳朵呈“V”字形，很小，尾巴高举着不能卷曲。硬毛猎狐梗曾担任过军犬，并有过很优秀的表现。

饮食： 硬毛猎狐梗每天都需用煮熟、切块的新鲜肉类，与等量的低糖饼干等干素料用水调拌后喂食。

饲养小贴士： 硬毛猎狐梗活泼好动，需要足够大的活动空间进行运动；它十分擅长追捕等游戏。

身高：39 厘米左右	体重：7~8 千克	个性：灵敏、活泼、热情

别名：德国短毛指示犬
寿命：15~20 年　**主要用途：**梗犬、伴侣犬

短毛猎狐梗

短毛猎狐梗聪明、友善且乐于助人，对工作充满着热情和渴望，没有任何焦躁或企图逃跑的迹象。短毛猎狐梗个性活泼好动，常与其他犬争斗，喜欢游戏玩闹，适宜与儿童逗玩。它跟家庭成员感情深厚，虽然是活泼的个性，但是也有嫉妒心理。

➲ **饮食：**短毛猎狐梗每天需用煮熟、切碎的肉类 200~250 克，与干素料加热水混合后喂食，注意一定要喂熟食。

➲ **饲养小贴士：**需用生理盐水定期给短毛猎狐梗清洗眼眶及周围，但如果有分泌物或经常流泪，就要用温热的硼酸水清洗消毒，然后再上好眼药膏。

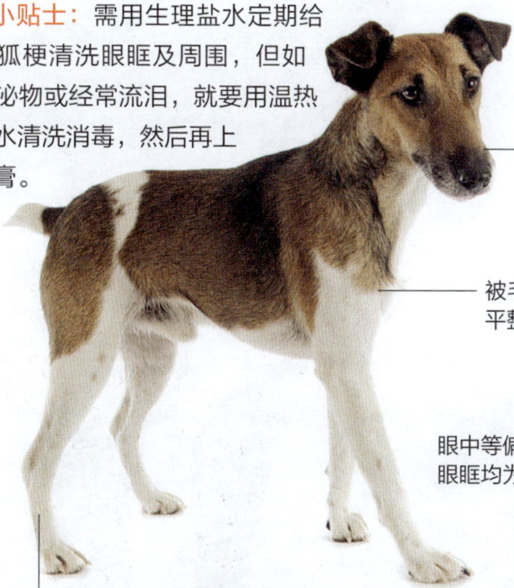

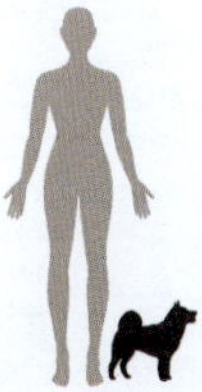

身高：37~40 厘米	体重：7~8 千克	个性：友善、聪明、活泼

别名：无

寿命：11~13 年　　**主要用途：**斗犬、伴侣犬

斯塔福德牛头梗

斯塔福德牛头梗属于斗狗品种，但其好斗本性已逐渐淡化，对主人有很高的忠诚度，也很具牺牲精神。它属于短毛犬，是力量型的犬种，肌肉发达且十分灵活敏捷。斯塔福德牛头梗很有勇气且有不屈不挠的个性，尤其是对它的朋友和小孩子。

饮食：斯塔福德牛头梗不宜吃太多肉类食物，因为太多的肉类食物不仅不能使它变得健壮，反而会使它消化不良，甚至可能会引起腹泻。

饲养小贴士：斯塔福德牛头梗精力旺盛，运动量也比一般的宠物犬要大，每天需带它外出两次，每次进行 30 分钟左右的运动，散步或做游戏都可以，最好是让它定期尽情玩耍。

头部短，颅骨宽阔，面颊肌肉饱满有力，吻部短

颈部肌肉很好，相当短，皮肤较松弛，但颈下无赘肉

鼻子黑色

前腿直，骨量足，分得较开

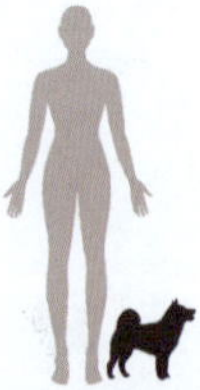

身高：36~41 厘米	体重：11~17 千克	个性：聪明、坚韧、机敏、勇敢

耳朵不大，半直立状，
耳朵上部向下折垂

眼睛圆，中等大小

尾巴中等长度，尾根低，
不断尾，自然下垂

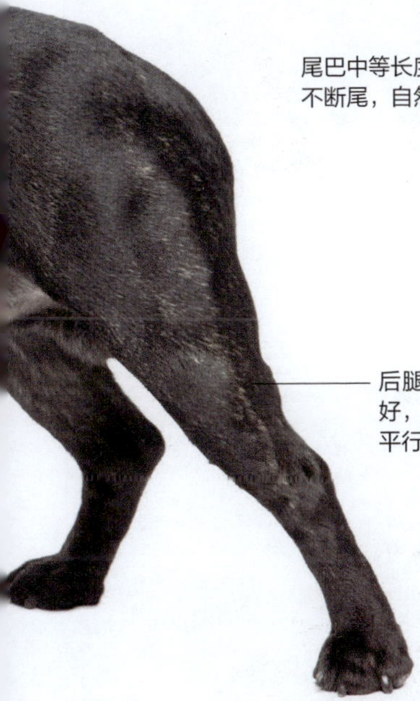

后腿和臀部肌肉良
好，从后面看两腿
平行

背线平直，胸
部深而宽阔

被毛短而平滑，紧
紧平贴皮肤

脚有力，中等大
小，脚垫良好

别名：罗福梗
寿命：12~15年　　**主要用途：**梗犬

诺福克梗

诺福克梗不是玩赏犬，而属于猎狩梗，其主要的特点是不屈不挠的精神和勇敢的个性，对主人也很忠诚，感情丰富，对人温和顺从，没有侵略性和攻击性，喜欢交际。诺福克梗的脾气很好，又适合群居，对不同的环境都有适应能力。

➲ 饮食：夏季天气炎热，犬饲料容易发酵、变质，如果误食会引起犬食物中毒，因此，如果在每次喂食后不久，诺福克梗有呕吐、腹泻、全身衰弱等症状，就要迅速就医治疗。

➲ 饲养小贴士：诺福克梗每天至少需要活动1.5小时；在夏季气温高、湿度大的环境中，它极易中暑，因此，应避免它在烈日下活动，并将犬舍移至阴凉荫蔽处。

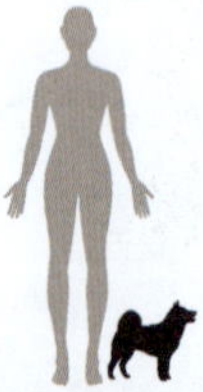

身高：25~26厘米	体重：5~5.5千克	个性：机警、大胆、温和

别名： 捷克 · 罗塞尔梗
寿命： 12~16 年　　**主要用途：** 梗犬、伴侣犬

帕尔森 · 罗塞尔梗

帕尔森 · 罗塞尔梗属于矮小型的犬种，主要用于猎捕欧洲红狐狸。狐狸受追赶会逃回地下的洞穴，罗塞尔梗凭借身材的优势可以追踪它们到地下，把狐狸驱赶出洞穴。罗塞尔梗对主人很有感情，喜欢守在主人的身边，它们期待能够走进家庭中去。

饮食： 帕尔森 · 罗塞尔梗每天都需用煮熟、切块的新鲜肉类，与等量的干素料或少含糖的饼干加水调拌后喂食。

饲养小贴士： 帕尔森 · 罗塞尔梗喜欢玩游戏，可经常和它做诸如追逐等游戏，也可以经常带它外出。

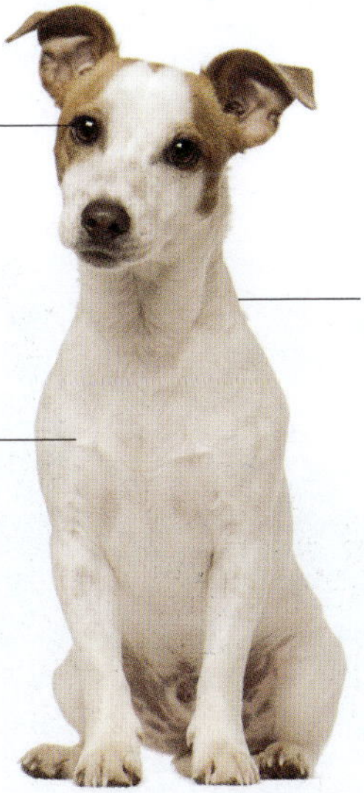

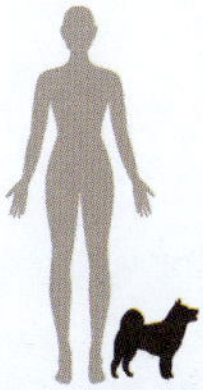

身高：30~36 厘米	体重：6~8 千克	个性：活跃、积极、聪明

别名：无
寿命：10~12 年　　**主要用途：**梗犬

威尔士梗

威尔士梗是一种猎狩梗，最先出现在威尔士，常被用来狩猎水獭、猪獾等动物。它英勇无畏，但并不好斗，它给人彬彬有礼的印象。威尔士梗非常友好，外出时不管是与人还是犬能和睦相处，展现出它的热情和勇气，并且十分聪明。

➲ **饮食：**威尔士梗一般用高营养的狗粮喂食，因此，每次的喂食分量要少一些，这样易于消化。

➲ **饲养小贴士：**需要定期为威尔士梗洗澡；还要每天用硬毛刷梳理它的毛发，尤其是耳朵内外、口、鼻及下巴部位的毛要用清洗剂洗刷。

身高：36~39 厘米	**体重：**9~10 千克	**个性：**警惕、机灵、勇敢

别名： 亚伯丁梗、苏格兰小子
寿命： 12~13 年　　**主要用途：** 梗犬

苏格兰梗

苏格兰梗身体小巧。它的结构紧实，腿部短，骨量充足，性格稍显谨慎，但却很难与其他犬只友好相处，个性顽固，它力气大且有时会显得蛮横，对其他犬有攻击性，对人却友爱温和。

➲ 饮食： 苏格兰梗应食常温环境下的食物，千万不能食用刚从冰箱中取出的食物；此外，也不能喂食坚硬的骨头。

➲饲养小贴士： 在春、秋季，需要将苏格兰梗被毛过长的部分修剪掉，此外，犬的耳部、颊部以及头部的被毛也要定期修剪，眉毛则需要美化。

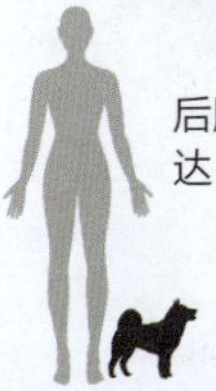

身高： 25~28 厘米	**体重：** 8.5~10.5 千克	**个性：** 勇敢、自信、威严

别名：无
寿命：12~15 年　**主要用途：**梗犬

斯凯梗

斯凯梗在当地的主要工作是猎取水獭、獾和狐狸，它的肌肉发达、嗅觉灵敏、动作敏捷，能够快速准确地找到猎物并挖掘它们的洞穴，进而捕获猎物。斯凯梗属于工作梗，喜欢追逐游戏和外出，对熟悉的人友好，对陌生人则保持警惕心理。

饮食：为了保证斯凯梗幼犬的牙齿和骨骼的健康生长，应给其补充钙粉和维生素，其中钙粉的量约为每两千克体重每天 1 茶匙。

饲养小贴士：斯凯梗活泼好动，每天需要充足的运动量来满足其正常生长需要。

身高：23~25 厘米	体重：8.5~10.5 千克	个性：聪明、忠诚、友好

别名：西里汉姆梗

寿命：大约 15 年　　**主要用途：**梗犬、伴侣犬

锡利哈姆梗

锡利哈姆梗的力气很大，勇敢、聪明、敏捷、平衡感好且不张扬，学东西很快。其吠声很大，对其他犬只和陌生人不太友好。锡利哈姆梗的神经很敏感，感情丰富，喜爱小孩，热心而警惕，聪明且特别。

➲ 饮食：两月以内的幼犬，可每天喂 5 次；3 月以内的幼犬，可每天喂 4 次；1 岁以下的犬，可每天喂 3 次；而一般的成年犬每天需喂两次，早晚各喂 1 次，晚上可比早上喂得多一些。

➲饲养小贴士：锡利哈姆梗需要充足的运动量，因此，可每天至少带它出去散步2~3次，每次至少30分钟。

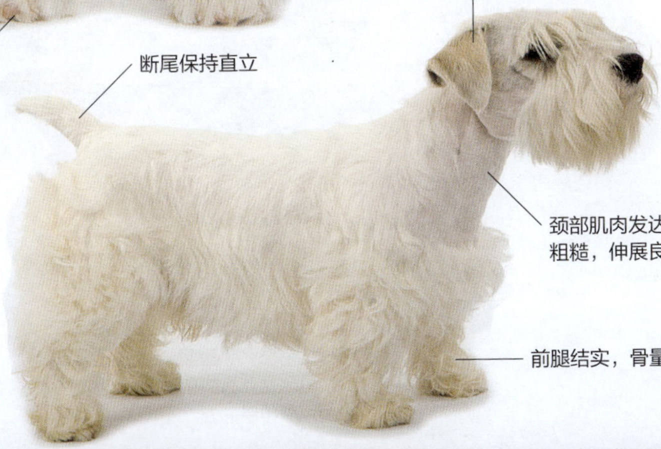

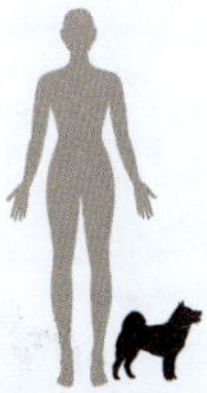

身高：25~30 厘米	**体重：**8~9 千克	**个性：**聪明、活泼、警惕

别名： 波多罗克梗、西部宝贝
寿命： 14 年左右　　**主要用途：** 梗犬、伴侣犬

西部高地白梗

西部高地白梗脸长得像狐狸，鼻梁较长，最初是用于来追捕水獭和狐狸。西部高地白梗性格开朗，对主人忠诚，深受女性和孩子的喜爱，它喜欢同小孩子一起嬉戏蹦跳。它不需要人类的娇惯，喜欢在水中嬉戏，在雪中玩耍，精力充沛而不觉辛苦。

➲ 饮食： 因为夏季气温高，食物易腐败变质，因此，西部高地白梗的食物应现吃现做，最好是经加热处理后放凉的新鲜食物，并且要多食一些蔬菜。

➲ 饲养小贴士： 西部高地白梗需要较多的活动量和活动时间，可每天带它出去散步 3~4 次，其中至少有一次是长路程。

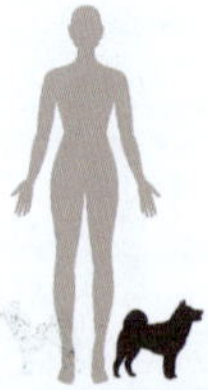

身高： 25~28 厘米	**体重：** 7~10 千克	**个性：** 温和、活泼、机灵

从额部起头部呈圆形
鼻子大，呈黑色
颈部肌肉发达和倾斜
的双肩结合得良好
胸非常深，延伸至
肘，其宽度与犬的
大小成比例
双层被毛，稍软，
较长，厚实
眼睛中等大小，呈
杏仁形、深褐色，
眼睛深陷
躯干紧凑，结实
后腿大腿肌肉发达，角
度良好，两大腿间距不
宽，跗关节弯曲良好

别名：澳洲梗
寿命：14 年左右　　**主要用途：**梗犬、看家犬

澳大利亚梗

澳大利亚梗生性顽强好斗，属于典型的看家犬。它有捕杀小的鸟兽害虫的能力，还包括多种蛇类。澳大利亚梗机警灵活，可以独自看守家园，以防外来入侵者。如果不受恶意戏弄，它会和孩子相处得非常和睦，对陌生人非常机警。

➲ 饮食：澳大利亚梗的营养要均衡，尤其是在饲料中要多添加一些犬不易吸收的碳水化合物和纤维素；为了预防发胖，要少给其喂食蛋白质和脂肪含量过高的食物。

➲ 饲养小贴士：澳大利亚梗需要较多的活动量和活动时间，每天需带它外出两次，每次进行 30 分钟左右的运动，散步或做游戏都比较适当。

身高：24~25 厘米	**体重：**5~ 6 千克	**个性：**警惕、大胆、自信

别名：丝毛梗
寿命：14 年左右　　**主要用途：**梗犬、看家犬

澳大利亚丝毛梗

澳大利亚丝毛梗的活力充沛，有强烈的自我主张，具有追猎小动物的技能。澳大利亚丝毛梗可爱、活泼、聪慧，对待靠近的陌生人会保持警戒心，是理想的看家犬或家庭犬，可用于陪伴老人和小孩子，适合在公寓中饲养。

➲ 饮食：澳大利亚丝毛梗的生活非常有规律，最好能让它养成定时进餐的好习惯；各犬喂食的餐具不能串换，以防传播疾病，餐具在喂食后还要清洗，并定期煮沸消毒。

➲ 饲养小贴士：澳大利亚丝毛梗需每天早晚各外出活动1次，还要注意不要将它一整天都关在室内。

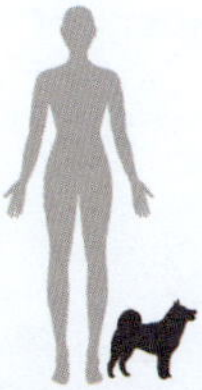

身高：23~25 厘米 | **体重：**3.5~4.5 千克 | **个性：**开朗、活泼、顽皮

别名：无
寿命：12~14 年　**主要用途：**梗犬、伴侣犬

德国猎梗

德国猎梗属于小型犬，是优秀的家庭伴侣犬和野外狩猎犬。也很适合当作工作犬，以其灵敏的嗅觉而闻名。可以胜任大多数的狩猎活动，经过训练可以通过跟踪血迹找到受伤的猎物，也可以激飞和寻回鸟类。

➲ 饮食：德国猎梗的食物以温热为宜，最好在35℃左右，太热不仅会影响它的食欲，还会烫坏犬齿，太凉则容易吃坏肚子。

➲ 饲养小贴士：德国猎梗爱动，每天应进行一定的户外活动，散步、做游戏等皆可。

身高：33~40 厘米	**体重：**9~10 千克	**个性：**敏锐、顽强、勇敢

别名： 雷平犬
寿命： 10~14 年　　**主要用途：** 梗犬

小多伯曼犬

小多伯曼犬是德国的传统犬种，德国梗的后代，体型呈方形，短而紧凑，精力旺盛，既结实又好动，非常勇敢，会扑向体型大很多的犬。它走路的方式很奇特，就是走路时膝盖弯曲得很明显，好像马走路的步法。

➲ 饮食： 小多伯曼犬的幼犬每天喂 4 次，添食要从少到多、从劣至优，食量要固定，不要喂得太饱；病犬要喂食无刺激性、易消化、营养全面的食物，可多喂流食、瘦肉和蛋类。

➲ 饲养小贴士： 小多伯曼犬需要充足的运动量，每天需带它外出两次，每次进行 30 分钟左右的运动，散步或做游戏都可以，最好是让它定期尽情玩耍。

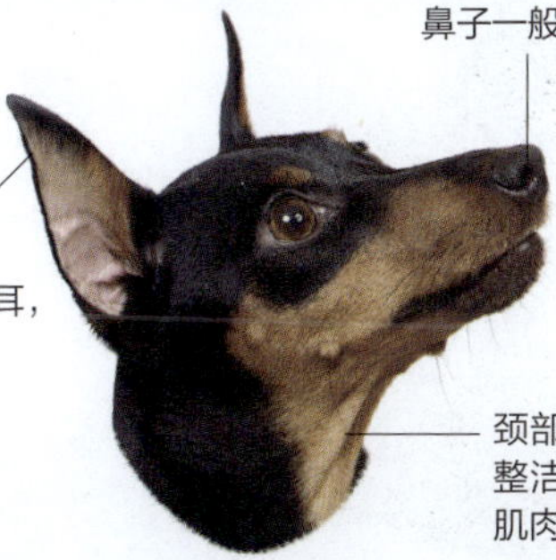

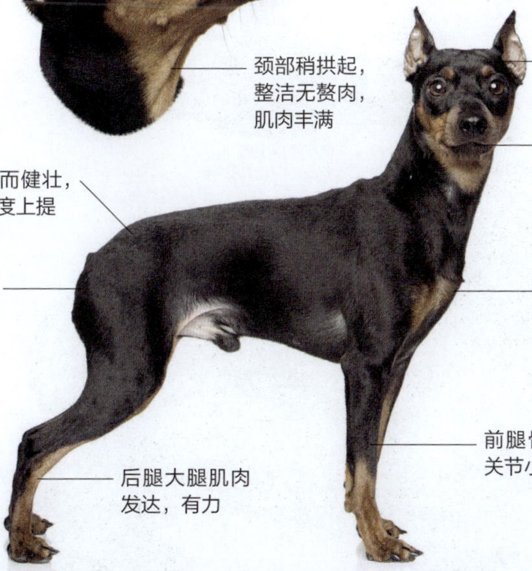

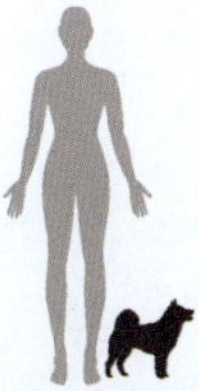

身高：25~32 厘米	体重：4~5 千克	个性：活泼、机敏

别名：波希米亚梗
寿命：12~15 年　**主要用途：**梗犬、伴侣犬

捷克梗

捷克梗可以在开放的野外进行狩猎活动，也能胜任从洞穴驱逐猎物。捷克梗的动作敏捷，耐力持久，且饲养起来很容易。它很有耐心，对小孩子很友善，很适合作看门犬，也是很好的伴侣犬，它拥有一身色彩柔和、如丝般的毛发，但是需要经常梳理。

➲ 饮食：捷克梗需要补充维生素和钙，因此，可在狗粮里添加肉类以及胡萝卜等蔬菜。

➲ 饲养小贴士：梗犬大都非常喜欢乘车旅行，因此，可在捷克梗年幼时，带它进行一次短途旅行。

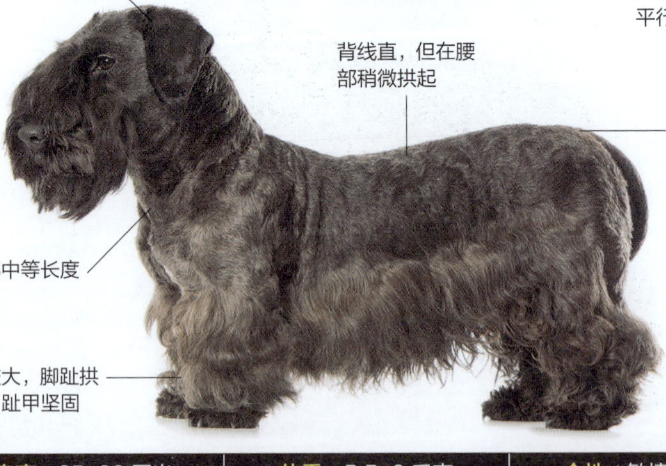

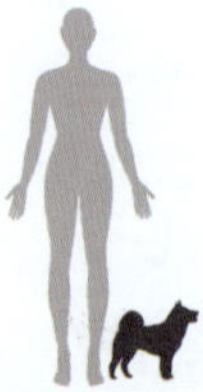

身高：25~36 厘米	体重：5.5~8 千克	个性：敏捷、温顺、友善

别名：柯基犬、威尔士矮脚犬

寿命：12~15 年　**主要用途：**牧羊犬

卡迪根威尔士柯基犬

卡迪根威尔士柯基犬属于漂亮、有力的小型犬，在过去的主要职能是驱赶牛群，凭借小巧的身躯可以自如地钻入牛群中，咬住牛的四肢以控制牛的行动。卡迪根威尔士柯基犬的速度快，耐力持久，身体结构紧凑、坚实。对环境的适应能力强，大方、和善，责任心强，对主人忠诚，喜欢帮助主人。

饮食：卡迪根威尔士柯基犬的饲料中应含有肉类及等量的杂粮及蔬菜等；要定期更换饲料品种，以确保营养均衡。

饲养小贴士：卡迪根威尔士柯基犬在同种体型的犬种，比较适合城市生活；它不需要太大的活动空间，但每天都需要有充足的运动量。

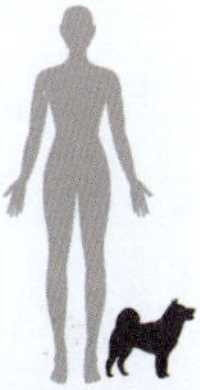

身高：27~32 厘米	体重：11~17 千克	个性：镇定、忠诚、友爱

别名： 柯基犬
寿命： 12~15 年　　**主要用途：** 牧羊犬、护卫犬

彭布罗克柯基犬

彭布罗克柯基犬的体型不大，但是充满力量，身体灵活，动作敏捷，比较擅长牧牛。它个性活泼好动，喜欢到处咬东西，会有攻击性，但基本上没有恶意，彭布罗克柯基犬在外出时则有所收敛，对陌生人有警戒心，会变得谨慎，很适合女性饲养。

饮食： 彭布罗克柯基犬的饮水量很大，平均每千克体重每天消耗水至少 60 毫升，而幼犬、哺乳期雌犬、工作犬在天气炎热的情况下消耗的水可能还要更多些，因此，要随时为它准备适于饮用的新鲜冷水。

饲养小贴士： 彭布罗克柯基犬活泼好动，需要有足够大的空间让它活动，不宜常待室内。

身高： 25~31 厘米　|　**体重：** 10~12 千克　|　**个性：** 温和、活泼

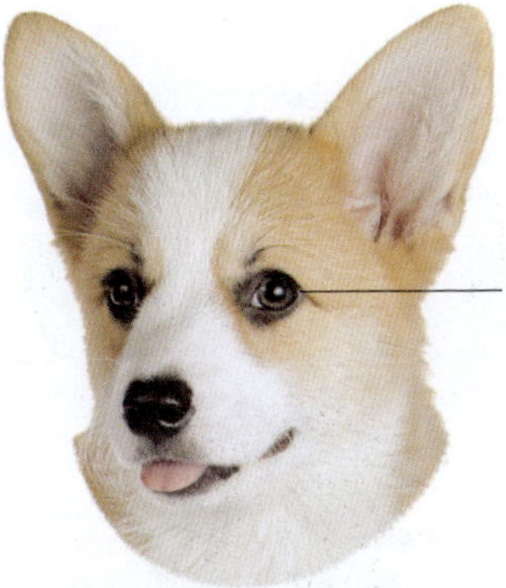
眼中等大小且圆，颜色
为茶色，和被毛相协调，
似狐狸的表情

头盖平且宽，额
部角度适中
身体长而结实，
背线水平

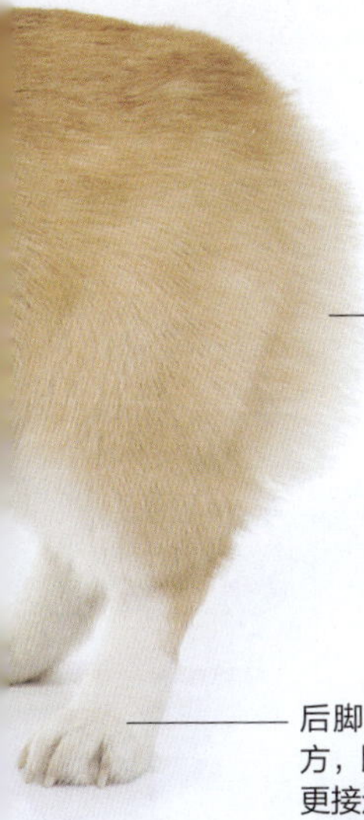
非常浓密的双层
被毛，中等长度
后脚笔直指向前
方，比前脚略小，
更接近卵形

胸部宽度适中，
向下逐渐变细，
在前肢之间放松
前腿顺着肋骨
的扩张而弯曲

别名：法兰西斗牛犬
寿命：11~12 年　**主要用途：**工作犬、守门犬

法国斗牛犬

法国斗牛犬的肌肉发达，被毛平滑，表情非常有趣，对小孩很和善。法国斗牛犬很彪悍，对新鲜事物充满好奇心。这种犬的外貌很有个性，有一种高贵的气质，在战斗中非常勇敢、坚持到底，与对手决斗时很威风，深受人们的喜爱。

饮食：法国斗牛犬除了正常喂食狗粮外，还需要额外补充维生素和钙；忌食鸡鸭骨头、巧克力，以及咖啡制品等。

饲养小贴士：如果法国斗牛犬的细茸毛缠结得比较严重，要用梳子或钢丝刷子顺着毛的方向梳理，从毛尖开始直到毛根部，不可以用力梳拉。

身高：30 厘米左右	体重：10~14 千克	个性：敦厚、忠诚、执着

别名：图莱亚尔绒毛犬
寿命：14~16 年　**主要用途：**伴侣犬

棉花面纱犬

棉花面纱犬继承了比熊犬血统，一身白色的长毛如棉花般蓬松，并由此得名棉花面纱犬。雄性的棉花面纱犬比雌性的略高，它们的尾巴所在位置较低。棉花面纱犬活泼好动，步伐流畅自如，对人类友善，与其他犬类相处融洽。

饮食：适量煮熟切块的新鲜肉类加水，与等量的麦片、无糖饼干等素食拌匀，然后喂食棉花面纱犬。

饲养小贴士：每天应保证棉花面纱犬有一定的运动量，活动时间30分钟即可。

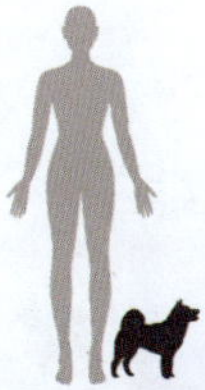

身高：25~30 厘米	体重：5.5~7 千克	个性：聪明、活泼、温顺、忠诚

别名： 维 · 弗里塞犬、特内里费狗
寿命： 12~15 年　**主要用途：** 伴侣犬

卷毛比雄犬

卷毛比雄犬是一种优良的怀抱犬，它们长期与人们相伴，对人的依附性很大，性情非常友善，是很好的家庭伴侣犬。它们的记忆力很好，会做各种各样的动作引人发笑，对主人依赖，对生人却很凶猛。这种犬身材娇小，外貌可爱，性情讨人喜欢，深受大家的喜爱。

饮食： 卷毛比雄犬每天需食用适量的新鲜肉类和蔬菜，再加等量的素食、无糖或低糖的硬饼干。还要注意每天都要让其饮用适量清洁的凉开水。

饲养小贴士： 卷毛比雄犬的毛发需要专门护理，虽然不做精细护理时，呈卷曲状的被毛也很好看，但仍需定期梳理；它的运动量不宜过大。

身高：23~31 厘米	体重：3~6 千克	个性：友善、活泼、聪明伶俐

别名：艾芬杜宾犬、猴头梗
寿命：14~15 年　　**主要用途：**玩赏犬

猴面梗

猴面梗的头部和身体比例协调，全身长有浓密细长的毛发，颜色一般为黑色或灰色。拥有像猴子一样的表情，显得自信而愉快。有又圆又亮的眼睛、黑色的鼻子和嘴唇、短而直的脖子、短平的背部、强壮的腰部、上翘的尾巴。对主人很忠诚，能够成为家庭成员的亲密伙伴。

➲ 饮食：猴面梗的食物要保证所含营养成分均衡，荤素搭配适当。可以喂食少量动物肝脏及鱼肉、玉米粉、胡萝卜等，并注意要煮熟后再喂食。

➲ 饲养小贴士：猴面梗的毛发浓密且较长，因此要经常梳理，避免打结。运动量不需要太大，偶尔带出去散散步即可。

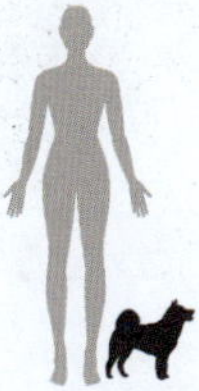

身高：28~30 厘米 | **体重：**3 千克左右 | **个性：**安静、警惕、聪明

第二章

中型犬

中型犬一般指成年后身高为 41~60 厘米，
体重为 11~30 千克的犬种。
中型犬既不会太娇气，又不会让人觉得危险，
而且其食量和所需空间也不会太大。
常作为工作犬，具有精力充沛、耐力好、
聪明可靠、工作能力强、对主人忠诚的特点。
较为常见的中型犬有英国可卡犬、美国科克猎犬、
小明斯特兰犬、柴犬、松狮犬、沙皮犬等。

别名： 美国确架犬
寿命： 9~11 年　　**主要用途：** 狩猎犬、伴侣犬

美国科克猎犬

美国科克猎犬原产地是美国，起初被用作狩猎犬来寻回一些小猎物，后经逐步改良成玩赏犬。它的表情亲切，行动也很灵活，服从命令，很适合做伴侣犬。美国科克猎犬走起路来步伐轻松，奔跑起来速度很快，精力旺盛又机警，作为狩猎犬或看家犬都讨人喜爱，在全世界都很受欢迎。

饮食： 美国科克猎犬喂食洗净、切碎的新鲜蔬菜，食物温度一般为 25℃左右，可根据季节作适当调整，夏季的食物温度可低一点，冬季则高一点，但不能过热，也不能过凉，更不能喂食腐坏的食物，以免影响美国科克猎犬的身体健康。

饲养小贴士： 如果对美国科克猎犬进行经常性的训练，可巩固和发展它的狩猎性；如果中断它的训练，那它的狩猎能力也会出现退化。

身高： 38~41 厘米	**体重：** 12~15 千克	**个性：** 机警、亲切

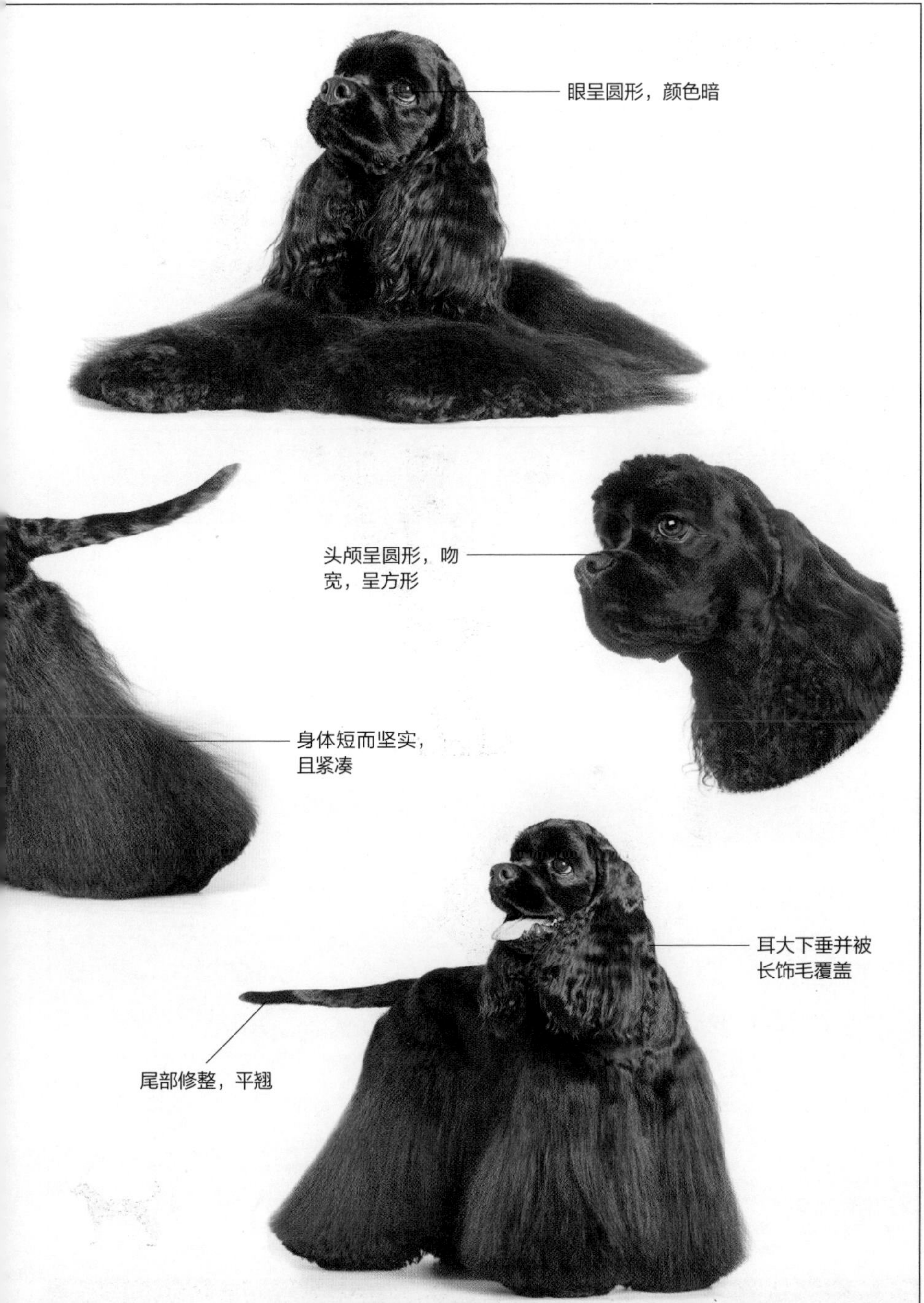
眼呈圆形，颜色暗
头颅呈圆形，吻宽，呈方形
身体短而坚实，且紧凑
耳大下垂并被长饰毛覆盖
尾部修整，平翘

别名：克伦伯猎犬
寿命：10~12 年　　**主要用途**：猎鹬犬

克伦勃猎犬

克伦勃猎犬态度威严，表情像是在思考一样，也表现出工作和玩耍的喜爱，喜欢取悦自己的主人。它聪明又独立，处事果断，有自己独到的见解。它时而冷漠高贵，好像有意避开人类，时而又显示出顽皮、友爱的天性，非常惹人喜爱。

饮食：克伦勃猎犬一般要喂食肉类、麦粉及谷物食品等精饲料。

饲养小贴士：克伦勃猎犬擅长奔跑，运动量很大，因此，每天必须给予其充足的运动量。

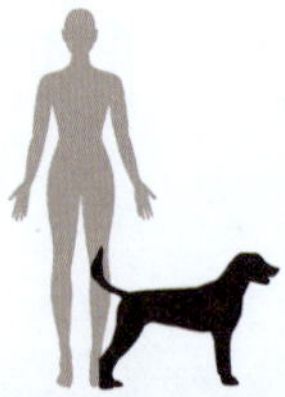

身高：43~49 厘米	体重：25~39 千克	个性：温和、忠诚、敏感、活泼

别名：比特、斗兽场斗牛梗
寿命：11~12 年　　**主要用途：**斗牛梗、伴侣犬

美国斗牛梗

美国斗牛梗属于中型犬，但力大无比，最初只是用于农场放牛和狩猎，由于其忠诚的个性，也被当成家庭宠物，后来被人们训练成为斗狗，专供人们斗狗取乐。在斗狗场上，斗牛梗非常勇猛，一旦咬住对方的脖子决不松口，即使被打死也不退让。

饮食：美国斗牛梗不可喂食过多，以免造成肥胖，肥胖不仅能影响正常生长发育，还能使肥大的腹部压迫膈肌，从而影响呼吸。

饲养小贴士：美国斗牛梗的运动量很大，耐力也很好，非常喜欢跟着自行车跑长跑。

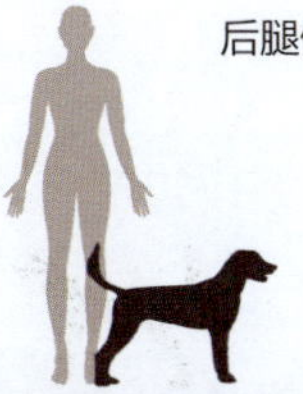

身高：46~56 厘米	**体重：**23~36 千克	**个性：**顽强、勇敢、凶猛

别名： 无

寿命： 10~16 年　　**主要用途：** 斗牛梗、伴侣犬

美国斯塔福德梗

美国斯塔福德梗力气大，但性情和善，对主人十分殷勤、温顺而忠诚，对人没有恶意。在外貌上同美国斗牛梗非常相似，肌肉发达，但同时又很敏捷、优雅，对周围环境抱有很大的兴趣，其体形矮胖，腿比较短，具有众所周知的骁勇。

➲ 饮食： 美国斯塔福德梗除了食用狗粮外，还应额外喂食一些含有丰富钙和蛋白质的食物；饮食要适度，不能喂得过于肥胖。

➲ 饲养小贴士： 美国斯塔福德梗喜欢温暖干燥的环境；白色的美国斯塔福德梗要避免在烈日下过度暴晒，否则可能灼伤皮肤。

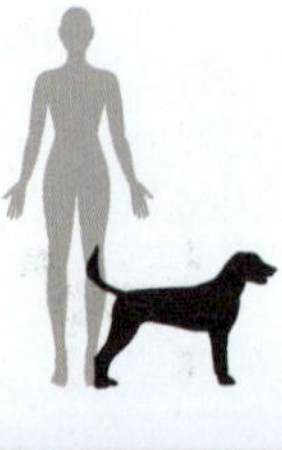

身高： 43~48 厘米 | **体重：** 18~23 千克 | **个性：** 温顺、忠诚、敏捷、优雅

鼻镜呈黑色
嘴唇紧而平，不松散
耳朵位置高，不剪耳的耳朵比较短，呈玫瑰耳或半立耳
尾巴相对身体而言，比较短，尾根位置低，尾尖逐渐变细
后腿肌肉发达，飞节低，不向内翻，也不向外翻
前腿直，骨骼粗大而圆，腕部垂直
眼睛颜色深、圆，两眼距离较远

别名：史宾格犬
寿命：12~14 年　　**主要用途：**狩猎犬

英国激飞猎犬

英国激飞猎犬属于力量型的猎犬，耐力好并且非常敏捷，可以适应艰苦的环境，从事狩猎工作。品质好的英国激飞猎犬体态匀称，结合了美观和实用性，性格平稳而又热情，带有明显的猎鹬犬的特征。它的两耳自然下垂，表情温文尔雅，会友好地向人们摇动尾巴。

➲ 饮食：英国激飞猎犬的饲料应以动物蛋白和脂肪为主，辅以素食成分，以保证营养均衡，促进其身体的正常发育。

➲ 饲养小贴士：英国激飞猎犬喜欢运动，不能把它长时间关在家里，否则会使其变得神情呆滞、性情暴躁，甚至患病，因此喂养者要保证它有足够的运动量，最好每天带它出去散步 2~3 次。

身高：48~51 厘米	**体重：**18~23 千克	**个性：**友好、快乐、勇敢、谨慎

眼睛中等大小、呈卵形，
两眼位置分得比较开，
且在眼窝中比较深
颈部长度适中，肌
肉发达，整洁，顶
端略微呈圆拱形
后腿强健有力，且力
量强大，膝关节结实
脚垫厚实，脚趾
间有羽状饰毛
拥有外层被毛
和内层被毛
脚呈圆形或略呈卵形，
紧凑而拱出，大小适中

别名： 金色顺毛犬、黄寻猎犬、俄罗斯猎犬
寿命： 13~14 年　**主要用途：** 狩猎犬

金毛寻猎犬

金毛寻猎犬的整体形态非常匀称，性情活泼，自信且不怕生，且身体各部分配合恰当，腿既不长也不笨，表情十分友善。在艰难的工作环境中更能表现出它的本质和特点。

饮食： 金毛寻猎犬的骨量较大，为了避免骨骼变形，在生长过程中要满足它对钙的需求，适当食用专用钙加维生素 A、维生素 D。

饲养小贴士： 金毛寻猎犬的幼犬不需要运动太多，尤其是小于 4 个月的小金毛寻猎犬，这时的它骨骼发育还不完全，过早运动对其生长发育不利。

身高：53~61 厘米	体重：24~34 千克	个性：热情、机警、自信

鼻部直，与头骨
接合流畅、稳固

眼睑色深，双眼间
距大，适度凹陷
后腿宽，肌肉
十分发达

鼻镜黑色或棕黑色，
寒冷的气候有可能
会使颜色变浅
颈部长度中等、显
得强壮、肌肉发达，
逐渐没入充分靠后
的肩部
尾根高，尾巴根部
厚实，肌肉发达
脚中等大小，呈圆
形、紧凑，趾节良好，
趾垫厚

别名： 拉不拉多
寿命： 10~12 年　　**主要用途：** 狩猎犬、导盲犬、安慰犬、警卫犬

拉布拉多猎犬

拉布拉多猎犬经常被训练当作警卫犬和导盲犬，同时它也是水陆两用的优秀猎枪犬。它属于大型犬，个性温和、活泼，智商也很高，体质健壮，身体结构的稳定性也很好，可以长时间从事猎取活动。拉布拉多猎犬聪明听话、容易训练，且忠实、服从指挥，是最受欢迎和最值得信赖的家庭犬。

饮食： 拉布拉多猎犬的幼犬生长发育很快，需要食用专用钙来满足其生长发育所需的钙。

饲养小贴士： 拉布拉多猎犬喜欢运动，只有保证它每天有足够的运动量，才能使它健康成长。

身高：54~62 厘米	体重：25~34 千克	个性：温和、活泼、忠诚

耳朵较大，适度
贴近头部挂着，
生长在略微低于
脑袋的位置
后腿宽阔，肌肉发
达，膝关节转动良
好，飞节短而结实
尾巴在根部十分粗，
向尖端逐渐变细。
颈部肌肉发达，
且没有赘肉
被毛短、直且非常浓
密，触摸时，给手指
一种相当坚硬的感觉

别名： 威尔士史宾格犬
寿命： 12~15 年　　**主要用途：** 狩猎犬

威尔士激飞猎犬

威尔士激飞猎犬是非常勤奋的水中猎犬，十分敏锐，在各种环境条件下它都对工作充满热情，且非常的忠实。它的嗅觉非常出色，在任何形式的狩猎中都适用。它的性格非常活泼，对主人忠诚而挚爱，对陌生人有所保留，但不胆小。它对家庭中的成员都很友好，很喜欢外出狩猎。

➲ 饮食： 威尔士激飞猎犬的幼犬需食用高营养、易消化的食物，并要掺入适量的盐和蔬菜，以保证营养均衡；每天喂食 4~5 次，且喂食时间要固定。

➲ 饲养小贴士： 威尔士激飞猎犬喜欢运动，每天需要充足的运动量，如果有条件，还要经常带它出去狩猎。

身高：43~48 厘米	体重：18~23 千克	个性：友善、服从

别名： 无

寿命： 12~14 年　　**主要用途：** 单猎犬

新斯科舍水鸭引诱寻猎犬

新斯科舍水鸭引诱寻猎犬的任务是独一无二的，主要是以声音为诱饵，由猎人给它一个皮球或小木棍，让它在水中嬉戏，引诱好奇的水鸭进入猎人的射程之内，猎人趁机射击，随后新斯科舍水鸭引诱寻猎犬就会去拣拾被打死的水鸭，它在工作时非常兴奋和敏捷。

➲ 饮食： 新斯科舍水鸭引诱寻猎犬的饲料为煮熟、切碎的新鲜肉类，加等量的麦片、饼干等素料，然后再加少量水调拌均匀即可；它对盐的需求是人体的 1/5，如果含盐量过高，还会引起流泪、掉毛现象，因此，要严格控制其盐分的摄取量。

➲ 饲养小贴士： 新斯科舍水鸭引诱寻猎犬奔跑速度快，时速约为每小时 60 千米，因此，它每天都需要进行一定的跑动训练。

身高： 43~53 厘米　|　**体重：** 17~23 千克　|　**个性：** 敏感、活泼、聪明

别名： 无

寿命： 12~14 年　　**主要用途：** 单猎犬

德国猎犬

德国猎犬很善于追踪猎物，同英格兰激飞猎犬有相像的地方，但它的腿较短。经常在灌木丛中狩猎，表现相当出色。德国猎犬的毛色是巧克力色，尾巴像镰刀或者是腊肠，该类基本上属于工作犬，在德国通常不将它当作宠物。

➲ **饮食：** 德国猎犬的饲料为煮熟、切碎的新鲜肉类、蔬菜，加等量的麦片、饼干等素料，然后再加少量水调拌均匀即可。

➲ **饲养小贴士：** 德国猎犬喜欢运动，每天都需要充足的运动量，如果可以，还要常带它出去打猎。

身高： 40~51 厘米	**体重：** 20~30 千克	**个性：** 温顺、服从

别名： 波士顿斗牛犬
寿命： 12~13 年　**主要用途：** 梗犬、警卫犬、伴侣犬

波士顿梗

波士顿梗属于高智商的犬种，个性活泼，聪明爱玩，感情也很丰富，适宜当作家庭宠物犬。波士顿梗很喜欢围绕屋子转，在领地受到威胁时，一些雄性犬会展示出攻击性，但其斗犬本色已经被磨灭，已经成为人类友好的伙伴。

➲ 饮食： 波士顿梗中的中、小型犬需食用肉类 200~250 克，大型犬则需食用肉类 300~350 克，还要喂食等量的饼干等干素料。

➲ 饲养小贴士： 波士顿梗适宜做散步等简单运动，不适宜快速奔跑等剧烈运动，否则会出现气喘、气急的现象。

身高：30~50 厘米	体重：不超过 11 千克	个性：聪明、活泼、勇敢

别名： 河畔梗
寿命： 12~15 年　　**主要用途：** 梗犬、护卫犬

艾尔谷梗

艾尔谷梗是古老的梗犬和猎水獭犬的后代，肌肉发达，骨骼健壮，耐力强，通常被驯做猎獾和水獭。它的被毛很独特，黑色和棕褐色相间，身上的硬毛很浓密，甚至可以防水。艾尔谷梗每年会有两次脱毛期，可以对其进行梳剪。

饮食： 艾尔谷梗的食物温度一般为 40℃左右，不能过冷和过热；夏季可喂食冷食，但最好保持在 35℃左右，冬季就必须对饲料进行加温了。

饲养小贴士： 艾尔谷梗需要较多的活动时间以及较大的活动量，喜欢和喜欢的人待在一起。

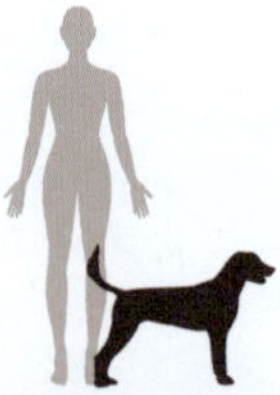

身高：56~61 厘米	体重：20~23 千克	个性：殷勤、友善

头骨长而平坦，头部皮肤没有褶皱，脸颊平坦
颈部长度中等，皮肤紧绷不松弛
浓密硬直的被毛紧贴身体和四肢
尾巴在背部向上竖立，结实有力
脚趾适当弯曲，既不内收也不外翻
眼睛颜色深、小，不突出
背部较短，强壮且呈水平，肋骨适当突起

别名：澳洲牧羊犬
寿命：12~13 年　**主要用途：**牧羊犬、导盲犬

澳大利亚牧羊犬

澳洲牧羊犬是具有畜牧和护卫的双重技能，个性忠诚，并且可以坚持全天候的工作。它的整体结构和谐，体长略大于身高，体格中等，骨量中等，颜色有很多变化，它工作专注且性格活泼，柔韧而敏捷，肌肉虽然发达但不笨重。

饮食：可给澳大利亚牧羊犬的幼犬喂食钙质丰富的大骨头，但不能喂食鸡、鱼、鸭的骨头。

饲养小贴士：澳大利亚牧羊犬的眼睛很大，灰尘和异物容易进入，因此，很容易患眼病，应该常用 2% 的硼酸水清洗眼睛及眼眶周围，以免细菌感染。

身高：45~58.5 厘米	**体重：**16~32 千克	**个性：**机智、活泼、沉稳

别名：无
寿命：10~14 年　　**主要用途：**牧羊犬、看家犬

边境柯利牧羊犬

边境柯利牧羊犬会对朋友非常友善，对陌生人则会有所保留，对主人忠诚，服于主人的命令，反应也非常的迅速，是非常优秀的看门犬。它还是一种品质优越的牧羊犬，乐于学习并对此感到满足，喜欢与人类交朋友，与人和善。

饮食：边境柯利牧羊犬对钙质的需求特别高，因此，为了促进其骨骼生长，一定要加强补充钙质，但也要注意“过犹不及”的道理，补钙一定要适量。

饲养小贴士：边境柯利牧羊犬需要充足的运动量，因此，每天要带它外出活动 1 小时左右，散步、跑步皆可，不能让它长时间留在室内。

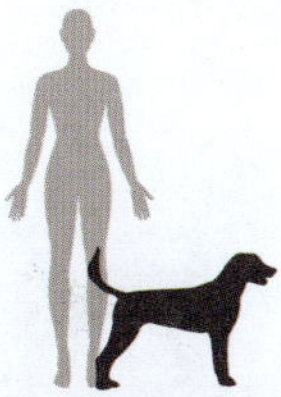

身高：46~48 厘米	体重：16~20 千克	个性：聪明、警惕、敏感

别名： 布列塔尼猎犬
寿命： 13~15 年　**主要用途：** 狩猎犬

布列塔尼犬

布列塔尼犬的警惕性非常高，性情也很活泼，但带有稍许猎鸟犬的柔和表情。是美国非常受欢迎的猎犬，它的体形偏小，加上天生的狩猎品质，满足了女性狩猎者的需要。它的嗅觉很灵敏，猎取欲望也很强烈。布列塔尼犬的体格非常强健，随时充满力量和精力，速度也很快，整体形象雄壮，但不笨拙。

饮食： 布列塔尼犬应用煮熟、切碎的肉类，加少量水与熟干素料调和后喂食，此外，应多补充蛋白质和钙，以及每天食用适当的蔬菜、水果，但注意不要喂食动物肝脏。

饲养小贴士： 布列塔尼犬性情温顺，适合家庭饲养，只需保证它每天有足够的运动量即可。

身高：44.5~52 厘米	体重：13.61~18.14 千克	个性：积极、机警、热情

别名：小猎犬

寿命：12~15 年　**主要用途：**梗犬、家庭犬

西藏梗

西藏梗具有发达的双层被毛，具有一定的保护功能，它身体匀称，比例协调，足部结构独特，动作非常敏捷，在西藏恶劣的气候和复杂的地形条件下生存。它们的个性与体形完全相反，喜欢运动和玩耍，但同时也可以保持一种安静的状态。

饮食：西藏梗每天需用煮熟、切碎的新鲜肉类及蔬菜，与熟素饲料加热水调拌后喂食。

饲养小贴士：西藏梗每周应洗 1 次澡，而它的被毛每天都要梳理。

身高：36~45 厘米　|　**体重：**8~15 千克　|　**个性：**聪明、敏感、忠诚

别名：短毛麦色梗、爱尔兰软毛梗
寿命：13~14 年　**主要用途：**梗犬、伴侣犬

软毛麦色梗

软毛麦色梗属于中型的运动梗犬，个性勇敢且整体的协调性很好，身体的整体轮廓呈正方形。它的毛很有特点，呈小麦色，柔软、丝状还带有稍许的波浪，软毛麦色梗的气质温和，对周围环境充满兴趣，但时刻保持警惕，其争斗性较弱。

饮食：软毛麦色梗的喂食时间、喂食地点、喂食量最好都要固定，以养成良好的进餐习惯，促进消化吸收。

饲养小贴士：软毛麦色梗需要充足的运动量，可每天早、晚带它去公园散步或跑步各 1 次。

身高：46~48 厘米	**体重：**16~20 千克	**个性：**警惕、快乐、优雅

别名：凯利蓝梗
寿命：12~15 年　　**主要用途：**梗犬、牧羊犬

凯里蓝梗

凯里蓝梗是爱尔兰的中型犬，以其蓝灰色被毛闻名。它充满活力，个性顽固，但是易于驯化，严加训练，可以成为优秀的家庭犬。凯里蓝梗具备追踪和叼回猎物的本能，它可以接受各种形式的工作，耐力很强。

➲ 饮食：凯里蓝梗的食物中可适当增加一些肉类、鱼类、蛋类、蔬菜等，并要注意补充维生素 A 和钙；此外，食物中不宜添加较多的盐分以及脂肪类、骨头类成分。

➲ 饲养小贴士：凯里蓝梗不脱毛、不换毛，因此，要做好它的清洁卫生工作；此外，要保持它的漂亮外表，就必须进行修剪和装饰。

身高：44.5~49.5 厘米	体重：14~18 千克	个性：温和、忠实、友善

别名：爱尔兰红梗

寿命：12~15 年　　**主要用途：**梗犬、伴侣犬

爱尔兰梗

爱尔兰梗的毛粗腿长，被毛需要经常梳理，它体态优雅，非常的漂亮。爱尔兰梗性情温和，同时充满勇气，善于竞技，活泼而富有生气，面对对手时非常的勇猛和大胆。在与人类相处时，非常的友善，对主人富有感情并且忠诚。

➲ 饮食：爱尔兰梗的喂食时间、喂食地点、喂食量最好都要固定，以养成良好的进餐习惯。

➲ 饲养小贴士：爱尔兰梗适应能力较强，既能适应城市生活，又能适应寒冷气候；被毛需要经常被梳理；还需要进行大量的身体训练。

身高：46~48 厘米　|　**体重：**11~12 千克　|　**个性：**温和、勇敢、忠诚

别名： 葡萄牙猎鱼犬
寿命： 10~14 年　　**主要用途：** 单猎犬、伴侣犬

葡萄牙水犬

葡萄牙水犬是渔民驯养的品种，可以在水中游泳，还能进行潜水。它具有很特殊的才能，它可以帮助渔民把鱼赶入渔网中、找回丢在水中的渔具，还能传递消息，是忠诚的伴侣和警惕的护卫。它是非常实用的工作犬，可以全天候听候主人的差遣去工作。

➲ 饮食： 葡萄牙水犬的幼犬肠胃较弱，宜食纤维少且柔软的食物，切忌喂食生肉；要饮用新鲜水，因此，需每天更换两次。

➲ 饲养小贴士： 葡萄牙水犬需保证它每天有足够的运动量，如果不能满足，那最好不要喂养。

身高：43~57 厘米	体重：16~27 千克	个性：聪明、灵敏、忠诚

别名：芬兰捕鸟犬
寿命：12~15 年　**主要用途：**狩猎犬、伴侣犬

芬兰狐狸犬

芬兰狐狸犬在芬兰和瑞典是最常见的本地工作犬，在其他地方很少见。它的工作时间一般是在夏季，会跟随主人外出打猎，到冬季就会待在室内的狗窝中过冬。狩猎时的芬兰狐狸犬精力充沛，会追踪狩猎野兔、獾和狐狸，并且动作敏捷、锲而不舍。

饮食：芬兰狐狸犬需食用肉类 250~300 克，以及等量的干素料或饼干；食物中应添加少量食盐；食物温度不能高于犬的体温；每天饮水 2~3 次。

饲养小贴士：芬兰狐狸犬需进行充足的户外运动；还需有人的陪伴，切不可长时间无人照料；需每天刷洗，以保证清洁卫生。

身高：39~50 厘米	**体重：**14~22 千克	**个性：**活泼、友善、忠诚、勇敢

眼睛圆大而略呈三角形，色黑，眼睑呈黑色
后腿大腿宽阔而肌肉丰满，肘关节弯曲适度
脚圆、紧凑、猫形趾，趾间饰毛丰富
头相当大，头盖平而宽
被毛细密柔软，以明亮的纯白色为主
尾为覆盖长饰毛的卷尾，始终卷曲于背上，尾根高

别名： 无
寿命： 10~12 年　**主要用途：** 狩猎犬

西西伯利亚莱卡犬

西西伯利亚莱卡犬最早用于捕猎大型动物，如驯鹿、麋鹿和熊，相当于一只雪橇犬，因为能拖动很沉的物体，它们也能够被训练猎捕小动物，像貂或鸟类。不适合做小孩的伙伴，不适合城市生活，不容易训练，容易与别的犬相处。

饮食： 为了避免烫伤嘴及消化器官，西西伯利亚莱卡犬的食物温度不能高于犬的体温；同时要保证食物、饮用水以及餐具的清洁卫生，因此，应及时洗刷餐具，并定期消毒。

饲养小贴士： 西西伯利亚莱卡犬不太适合城市的生活方式，每天需要大量的运动才能维持身心健康；它的毛发需每天梳理；因它生活于寒冷地带，因此也不耐高温。

身高： 53 ~61 厘米 | **体重：** 18~23 千克 | **个性：** 温和、活泼

别名：无

寿命：13~15 年　　**主要用途：**牧羊犬、伴侣犬

波兰低地牧羊犬

波兰低地牧羊犬很喜欢取悦人，且天性活泼，自身有很好的克制能力，理解能力、记忆力都很好。波兰低地牧羊犬属于中等体型，耐寒，被毛需要经常梳理，虽然适应城市生活，但是需要进行大量身体锻炼，不适合经常待在室内，否则它的情绪会烦躁不安，甚至出现神情呆滞和生病的情况。

饮食：波兰低地牧羊犬每天都需要用煮熟、切块的新鲜肉类，与等量的各种杂粮、蔬菜等素食加水调拌均匀后喂食。

饲养小贴士：波兰低地牧羊犬需要充足的运动量，每天最好带它出去散步 2~3 次。

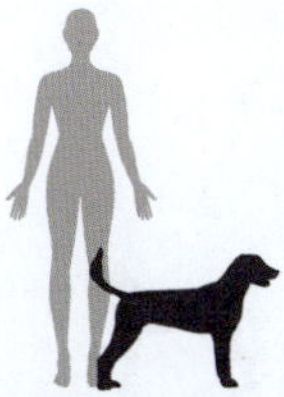

身高：41~51 厘米	**体重：**14~15 千克	**个性：**聪明、活泼、敏锐

别名： 高地柯利牧羊犬、山地柯利牧羊犬

寿命： 10~13 年　　**主要用途：** 牧羊犬

长须柯利牧羊犬

长须柯利牧羊犬在苏格兰高地的职能就是协助牧羊，中等体型，用其吠叫声来驱赶那些掉队的羊。它可以与其他犬或其他宠物相处得非常和睦，见到陌生人会有几声吠叫，表示热烈欢迎。长须柯利牧羊犬需要在物质和精神上的双重鼓励。个性友善、活泼，喜欢与人玩游戏。

饮食： 长须柯利牧羊犬的饲料比较精致，这是因为幼犬的器官还没有完全发育成熟，无法吸收太多营养，而喂食过量还容易导致肠炎，此外，还要做到少食多餐。

饲养小贴士： 要保证长须柯利牧羊犬每天都有充足的运动量，可以每天带它外出活动 1 小时，一定不要将它长时间留在室内。

身高： 51~56 厘米 | **体重：** 18~27 千克 | **个性：** 机敏、温和、友善

双眼既不圆也不突
出，两眼距离较远

尾下垂，至少能
伸到跗关节处

耳朵中等大小，下
垂，被长毛覆盖

两肩胛骨的顶点聚
拢，骨体向外倾斜

内层柔软、浓密，
外层平整、粗糙、
刚硬、蓬松

后腿有力，肌肉发
达，尤其在大腿骨
的膝关节处

脚呈卵圆形，脚垫
较厚，脚趾呈弓形、
紧凑，被被毛覆盖

别名： 荷兰牧羊犬
寿命： 12~14 年　　**主要用途：** 牧羊犬、伴侣犬、保安犬

斯恰潘道斯犬

斯恰潘道斯犬的被毛很长，动作敏捷而活跃，善于跳跃。它浓密蓬乱的被毛会给人留下友好的印象，警觉时尾巴竖起，身为工作犬却是优秀的、坚定无畏的放牧者和牲畜保护者。性情温和但非常勇敢，熟悉的人接近它，它会表现出高度关注和忠诚。

饮食： 斯恰潘道斯犬活动量较大，为了补充营养，需要食用大量肉类；还需为它准备充足的清洁饮用水。

饲养小贴士： 斯恰潘道斯犬需要充足的运动量，如果把它长时间关在家里，活动量得不到满足，它就会变得烦躁不安。

身高：43~51 厘米	体重：15 千克左右	个性：聪明、警惕、友善

别名： 哈利犬
寿命： 10~12 年　**主要用途：** 群猎犬

猎兔犬

猎兔犬看起来十分强壮，骨骼粗大，它们活跃且充满力量，生活很和谐，运动机能和嗅觉的灵敏性都很强，并显示出有完成工作的能力，不管在什么地形条件下，都能长时间不知疲倦的工作，具有群猎犬的明显特征。

饮食： 猎兔犬喜食鸡肝，鸡肝中含有丰富的铁质，但不可喂食太多；猎兔犬的母犬和幼犬应适当补钙。

饲养小贴士： 猎兔犬每天都需大量运动，如果它的运动量没有得到满足，它可能会变得烦躁不安，从而引发破坏行为。

身高： 48~54 厘米	**体重：** 22~27 千克	**个性：** 友好、和善

别名：匈牙利牧羊犬
寿命：12~15 年　**主要用途：**牧羊犬、看家犬

波利犬

波利犬属于中型犬，外表非常惹人注目，拥有蓬松浓密的被毛，下垂遮住整个头部和身体。看起来像一团毛线，非常可爱。波利犬动作敏捷、步伐轻快，是有理性和智慧的纯种犬，可以与其他宠物相处融洽，忠实于主人，本性猜疑，是优秀的看门犬。

➲ 饮食：不可用发霉、腐败、变质、带有毒性和强烈刺激性的饲料喂食怀孕的母犬，以防引起流产。

➲ 饲养小贴士：波利犬每天都需要一定的运动量，千万不能整天把它关在家里；它的被毛容易打结，需要定期梳洗。

身高：37~44 厘米	**体重：**9~18 千克	**个性：**敏感、服从、聪明

别名：设得兰群岛牧羊犬

寿命：12~14 年　　主要用途：牧羊犬、伴侣犬

喜乐蒂牧羊犬

喜乐蒂牧羊犬是非常好的牧羊犬，具有抗寒、体力好、忠诚、聪明的特点，使用范围非常广。喜乐蒂牧羊犬对主人热情忠实，个性会因饲养者而不同，但是易于训练，面对陌生人不会害怕或畏缩。

饮食：不可喂食生肉、生菜，以防寄生虫病和传染病传播，也不可将其食物进行长时间煮制，以免损失大量维生素；可以喂食骨头。

饲养小贴士：虽然喜乐蒂牧羊犬的运动量不大，但还是要保持适当的运动，早晚带它出去散步即可。

身高：33~39.5 厘米	体重：5~10 千克	个性：忠诚、热情、开朗

别名：惠比特犬
寿命：9~11 年　　**主要用途：**狩猎犬、看护犬

小灵犬

小灵犬可以用来狩猎比较小型的动物，也普遍被当作比赛犬种来驯养，常参加赛跑、咬兔、捕鼠以及夺标赛等项目。它奔跑的速度非常快，优秀的赛跑犬时速高于 56 千米。小灵犬是聪明可爱的宠物，不淘气也不会乱吠，作为看护犬也非常适合。

➲ 饮食：为了强化小灵犬的牙齿与骨骼，每隔三天可喂食一些猪、牛骨头等。

➲ 饲养小贴士：小灵犬每天需要充足的运动量；它有身体发抖的习惯，但这并不表示恐惧或寒冷，不需要特别注意；最好不要把它放在恶劣的环境中饲养，也不要让其在阳光下暴晒。

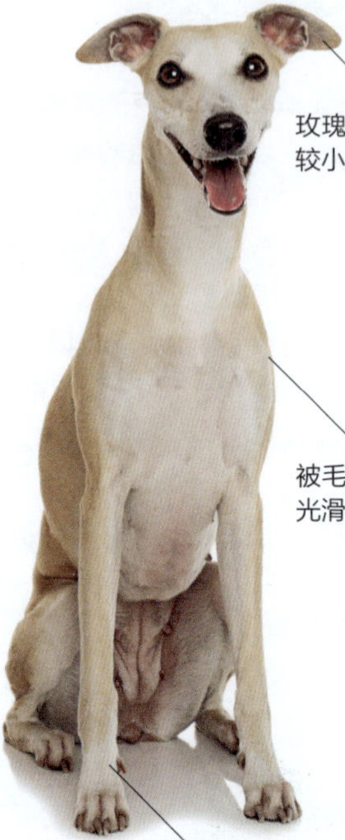

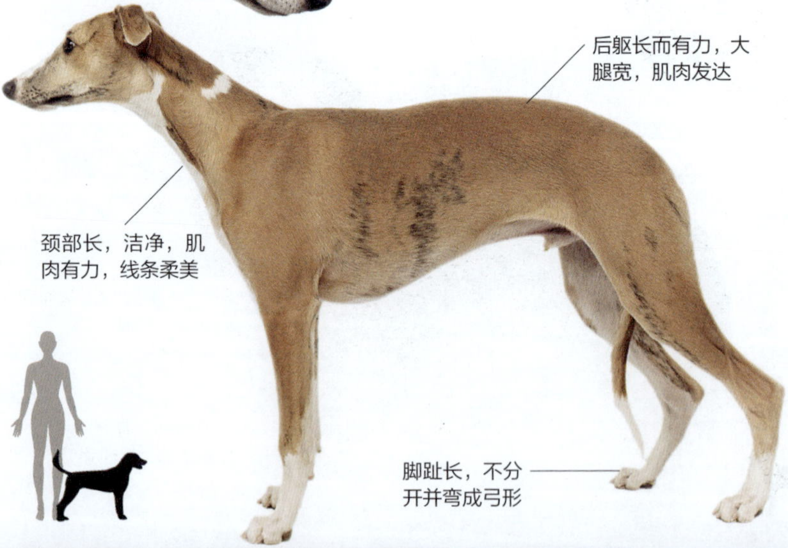

身高：43~51 厘米	体重：13 千克左右	个性：温和、忠实

别名：史韦斯猎犬
寿命：12 年左右　　**主要用途：**枪猎犬、伴侣犬

汉诺威猎犬

汉诺威猎犬的嗅觉很灵敏，对于非常淡的气味它也可以追踪到。汉诺威猎犬对于残留的血腥味很敏感，林业管理员也常用这种犬追猎受伤的动物。汉诺威猎犬充满活力，体格健壮，也很顽强，但是容易训练，它不容易和别的犬类生活，但是很适合小孩，它对工作的热情很高，相当敬业。

饮食：汉诺威猎犬的食物以动物蛋白和脂肪为主，以素食为辅，这样可以保证犬的正常发育。

饲养小贴士：汉诺威猎犬不适合城市的生活方式，它需要大量的活动时间和较大的活动空间；为了保持它的清洁卫生，可定期梳理被毛和清理耳朵。

身高：51~61 厘米	体重：38~44 千克	个性：安静、坦然、服从、友善

别名： 松狮
寿命： 10~15 年　　**主要用途：** 护卫犬、伴侣犬

松狮犬

松狮犬的头部酷似雄狮，神情得意，有一圈立毛围绕着脑袋。体型呈正方形，肌肉发达，动作优雅协调。松狮犬并不算听话的犬，有时会非常独立，人们可以和它拥抱和玩耍。通常接近的方式得当，陌生人可以轻轻地抚摩松狮犬，但是不能戏弄它们。

饮食： 松狮犬需要适量地补充维生素，可食用鸡蛋、米饭、奶酪和瘦肉等；但肉类不能喂食得太多，否则它的皮肤容易出问题。

饲养小贴士： 松狮犬容易中暑，因此，不能将它放在封闭的地方，也不能在太阳下暴晒；此外，它也怕湿，很难忍受超过80%的湿度，因此，天气炎热时，千万不能将其留在车内。

身高：46~56 厘米	体重：20~32 千克	个性：坚强、温和、忠诚

眼睛深棕色、深陷，两眼间距宽，有点倾斜，中等大小，呈杏仁状
耳朵小，中等厚度，呈三角形，在尖端略呈圆形
脚圆形、紧凑，似猫足，脚垫厚
两后腿直而平行、间距宽，与宽阔的骨盆相称
鼻子大、宽阔、黑色，鼻孔开张合适
胸部下垂，并低于上肘部

别名： 牧迪犬、匈牙利马地犬
寿命： 13~14 年　　**主要用途：** 畜牧犬、护卫犬、伴侣犬

马地犬

马地犬是能干的追踪者和狩猎者，也是最佳的牲畜守卫者。它非常的勇敢，所以是深受牧民喜爱的犬种，可以当作牧民的好助手。马地犬非常的聪明，动作敏捷，甚至可用于侦查毒品，更是优秀的守卫犬和家庭犬。因其被毛的特殊性，可以在多种环境下生存。

➲ 饮食： 马地犬的幼犬生长较快，需要在饮食中添加钙以补充其成长所需的钙质。

➲ 饲养小贴士： 如果马地犬被犬瘟热等传染病感染，会引起眼睛发炎红肿，眼眶内还会带有脓性的黏液分泌物，可导致眼睛无法睁开，这时要加强眼睛的治疗和护理。

身高：36~51 厘米	体重：8~13 千克	个性：聪明、机警、友善

别名：欧洲大陆犬
寿命：10~14 年　　**主要用途：**雪橇犬

欧亚大陆犬

欧亚大陆犬是新培育出来的犬种，属狐狸犬，心思细腻，警惕性很高，但不能过分的严厉。雌犬很有爱心，甚至可以照看婴儿。它是一种让人亲近且温顺的家庭宠物犬，还可以与其他动物友好相处，但是也有顽固的一面。

饮食：欧亚大陆犬每天都需用新鲜肉类和等量的饼干或熟干素料喂食。

饲养小贴士：欧亚大陆犬的被毛虽然浓密，但相对来说还比较容易护理，只要在换毛的时候做好护理工作即可。

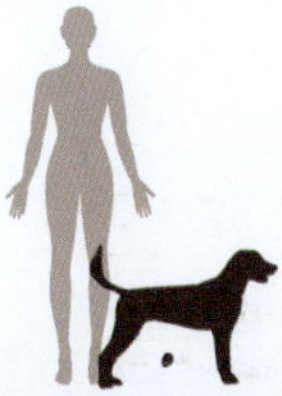

身高：48~61 厘米	体重：18~32 千克	个性：坚决、机敏、警惕

别名：确架猿、英国斗鸡犬

寿命：12~15 年　　**主要用途：**伴侣犬

英国可卡犬

英国可卡犬的耳壳非常大，低拉，紧贴着脑袋。可卡犬是很活跃的猎犬，精力旺盛，步态有力而自由，它站立和行动时体态都十分匀称，任何部位都不会过分夸大。英国可卡犬的反应既不迟钝也不过度活跃，对主人极为忠诚。

饮食：英国可卡犬每天食用肉类 250~350 克，再加等量的干素料与饼干。还要为它准备适量的饮用水。

饲养小贴士：英国可卡犬需保证每天一定的活动量，可早晚带它出去散步 2~3 次；如果长时间将它关在房间内，会严重影响它的身心健康，变得神情呆滞、情绪烦躁。

眼睛中等大小，略呈椭圆形，两眼距宽，眼睑紧凑

耳紧贴头部，耳壳硕大，伸达鼻部

前腿直，肘贴近躯干，腕节接近笔直

脚结实、圆形，类似猫型脚，脚趾拱起且紧缩，脚垫厚

头部被毛短而细，平直或稍有波纹，质地丝状

在兴奋条件下，尾稍高抬，但不竖起

后腿肌肉发达

身高：39~41 厘米　|　**体重：**12~14.5 千克　|　**个性：**欢乐、热情、温和、高贵

别名：牛头犬、英国老虎犬
寿命：10~15 年　　**主要用途：**伴侣犬、护卫犬、警卫犬

斗牛犬

斗牛犬的外貌并不像牛，这种犬的精力充沛、力大无比，所以被命名为斗牛犬。斗牛犬的整体形态和行走姿态都表现出很强的稳定性，具备活力和力量，但其性情却十分安静和友善，关键时刻坚决而勇敢，这些都深受人们的喜爱和赞赏。

➲ **饮食：**喂养斗牛犬，可选择营养丰富、质量优良的狗粮；此外，还需补充适量的维生素和钙。

➲ **饲养小贴士：**斗牛犬脾气倔强，带它出门，一定要牵好皮带，以免场面失控。

身高：30~35 厘米	**体重：**22~25 千克	**个性：**平稳、友善、坚定、勇敢

别名：无

寿命：12~14 年　　**主要用途：**梗犬

德国平犬

德国平犬属于中等犬，身上带有平犬系特有的黑褐色斑纹，毛短而密集。这种犬体态均匀，肌肉强壮，体形优雅。德国平犬多为农庄的帮手，最初用来捕鼠，机警、敏捷，对主人忠诚。

➲ 饮食：德国平犬应喂食温热的饲料，不能过冷或过热，温度最好在 40℃左右，但夏季除外；喂食前后不宜做剧烈运动。

➲ 饲养小贴士：德国平犬需要充足的运动量，每天可带它进行一定的户外活动。

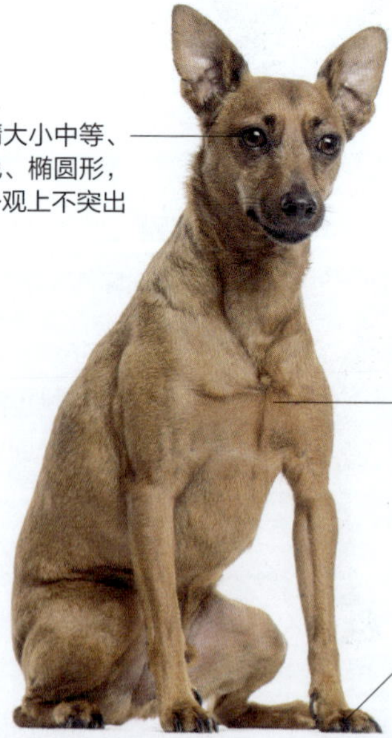

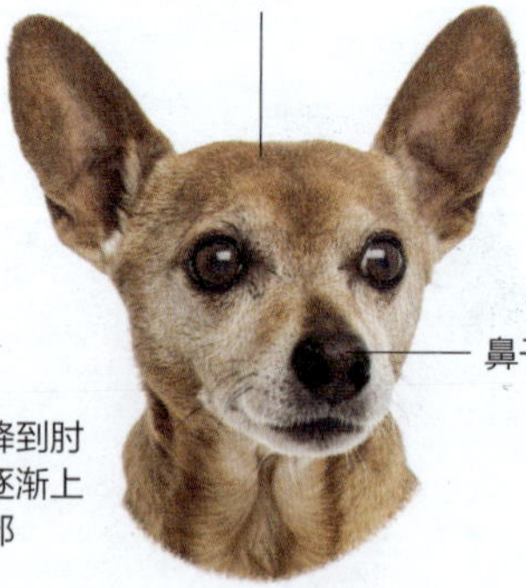

身高：41~48 厘米	**体重：**11~16 千克	**个性：**机警、敏捷、忠诚

别名： 粗毛柯利牧羊犬
寿命： 14~16 年　　**主要用途：** 牧羊犬、导盲犬、伴侣犬

粗毛牧羊犬

粗毛牧羊犬的被毛华丽蓬松，外形非常的漂亮，并且非常聪明，它继承了苏格兰牧羊犬高贵优雅的气质。由于它的智商较高，还被训练用作护卫犬、救护犬和导盲犬。因其外形比较讨喜，人们喜欢把它作为伴侣犬。

➲ 饮食： 粗毛牧羊犬的食量应根据犬的食欲和体重进行调整；如果食物变潮，可加一点热水，但不能是沸水；保证新鲜饮用水的供给。

➲ 饲养小贴士： 粗毛牧羊犬每天都需要充足的运动量，每天要带它出去散步或者跑步 1 小时左右；还必须对它进行精心训练，以保持和增强体能。

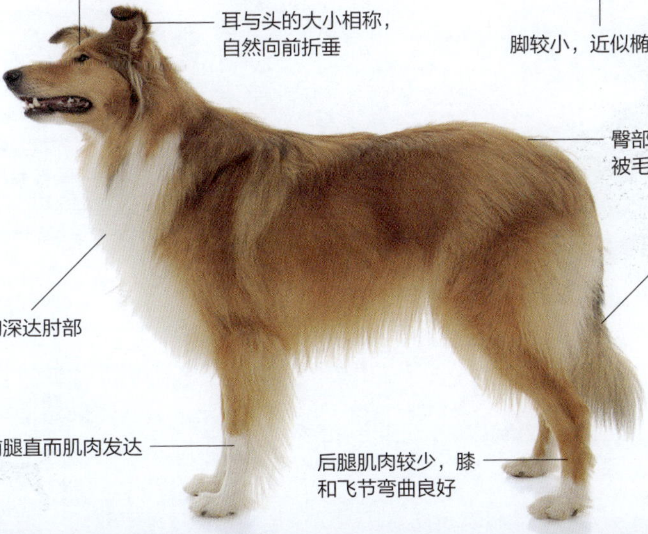

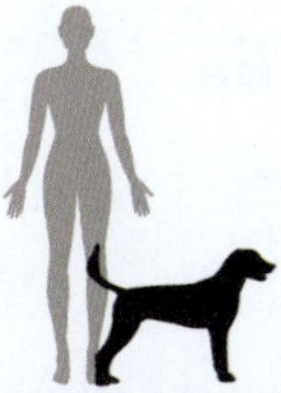

身高： 51~61 厘米　|　**体重：** 18~30 千克　|　**个性：** 机警、优雅、敏锐

别名：哈士奇
寿命：13~18 年　**主要用途：**雪橇犬、伴侣犬

西伯利亚雪橇犬

西伯利亚雪橇犬体型中等，脾气暴躁，有点胆小，和狼有着相似的外观，它是群居类的工作犬，不会相互嫉妒，可在短时间接纳新伙伴，由于其胆小，有时会被小型犬欺负，且从来不会主动朝着别的犬种号叫，碰到突发事件，会向主人寻求保护。

饮食：西伯利亚雪橇犬可用煮熟、切碎的猪肺、牛肺等动物脏器，与青菜、玉米面等混匀煮熟后喂食，这样既经济实用，又符合其胃口。

饲养小贴士：换季时，西伯利亚雪橇犬每天梳理被毛 2~3 次，将快要脱落的被毛一起梳掉；夏季，每隔 10~14 天需要为它洗 1 次澡，而冬天，则可隔 3~4 个星期洗 1 次澡。

身高：50~59.7 厘米　**体重：**31.6~54.2 千克　**个性：**温顺、活泼、热情

眼睛通常是棕色、
浅褐色或蓝色的
耳朵呈三角形，被
毛浓密，大小中等，
一般直立
腰部收紧、倾斜，比
胸腔窄，轻微折起
背直而强壮，背线平直
浓密、开司米状的下
层毛长、较粗糙，且
具有短、直的上层毛
脚中等大小，脚趾和
脚垫间有丰富的毛

别名：大麦町犬、斑点狗

寿命：10~12 年　　**主要用途：**护卫犬

达尔马提亚犬

达尔马提亚犬是一种斑点狗，肌肉强壮、活泼机警，本身具有很高的耐力，奔跑速度也很快，所以也经常用于参加比赛。达尔马提亚犬性格勇猛、好动，只会对主人显现出温顺的一面，对他人以及陌生的家具都很暴躁，经常出现撕咬的状况，是个破坏狂。

饮食：达尔马提亚犬每天需用煮熟、切碎的肉类制品 500 克左右，与等量的饼干或熟的干素料加适量水调和后喂食。

饲养小贴士：达尔马提亚犬在运动后，要梳理被毛，除去粘在毛上的污垢，然后再用丝绒或柔软的毛巾擦拭被毛，以保持被毛的光洁美观。

身高：48~58 厘米	**体重：**20~27 千克	**个性：**警惕、活泼、伶俐

耳朵中等大小，根部略宽，逐渐变细，尖端略圆
两眼睛位置分得略开，中等大小
尾根部粗壮，向末端逐渐变细，延伸到飞节
颈部呈优美的圆弧形，相当长，没有赘肉，平滑地融入肩胛
鼻镜的色素充足
斑点大小合适，且分布均匀，斑点圆而清晰

别名：比特斗犬
寿命：10~16年　　**主要用途：**工作犬、护卫犬

美国比特犬

美国比特犬的肌肉发达，整体结构紧凑，是一种体形优美的犬种，它拥有聪明的头脑和顽强的意志，耐力也很强，它还很讲卫生。美国比特犬的咬合力很强，耐力持久，毅力惊人，具有攻击意识，喜欢招惹别人，好争斗。

饮食：美国比特犬的狗粮应该营养全面而均衡，并且要有一定的硬度；还可经常让它啃食一些骨头，不仅可以起到磨牙的作用，还可以减少牙垢的形成。

饲养小贴士：美国比特犬的被毛最好要每天梳理，因为梳毛不仅可以避免皮肤病，还可以促进血液循环。

身高：约45厘米	**体重：**30~58千克	**个性：**顽强、勇敢、聪明

别名： 巴仙吉犬
寿命： 10~12 年　　**主要用途：** 工作犬

巴山基犬

巴山基犬属于短毛猎犬，腿部较长，身体灵活，外形给人矫健的感觉，身体各部位光滑，形态很美。巴山基犬的个性顽皮、好胜，喜欢与人亲近，对陌生人则表现冷淡。巴山基犬有很强的好奇心，喜欢在房子的周围散步。

饮食： 巴山基犬需用煮熟、切块的肉类300~350克，与等量的麦片、无糖饼干等素食加水拌匀后喂食。

饲养小贴士： 巴山基犬易胖，因此，必须保证它每天都能进行一定的运动。

身高： 40~43 厘米	**体重：** 9.5~11 千克	**个性：** 好胜、顽皮、精力充沛、和善

别名： 獚狗
寿命： 11~13 年　　**主要用途：** 狩猎犬

西班牙猎犬

西班牙猎犬的体型不一样，其职能也就不一样，偏大的犬只常被用来参加跳跃比赛，小的犬只则用来捕鸟。这种犬对主人及家庭很忠实，喜欢取悦主人。个性聪明而独立，在工作中表现果断，还会有独到的见解。它时而高贵，时而顽皮、友爱。

饮食： 西班牙猎犬需要适时补钙，每天可用煮熟、切碎的新鲜肉类，与等量的熟干素料加少量水调和后喂食。

饲养小贴士： 西班牙猎犬需要充足的运动量，每天需要散步、跑步等运动 1~2 次，每次至少 30 分钟。

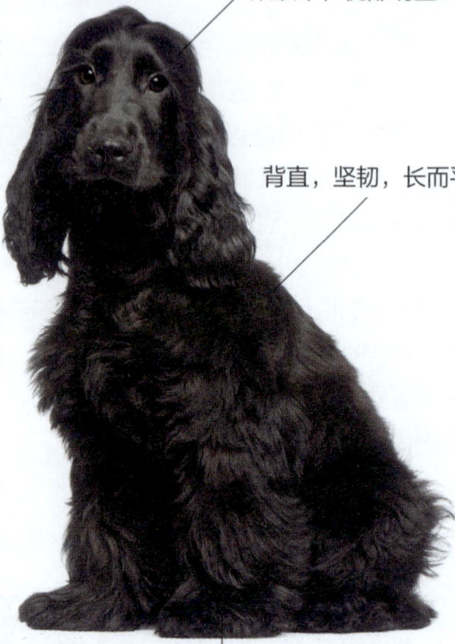

身高： 48~51 厘米	**体重：** 29~36 千克	**个性：** 温和、忠诚、挚爱

别名： 卡尔比、巴布
寿命： 10~14 年　　**主要用途：** 牧羊犬、守卫犬

澳大利亚卡尔比犬

澳大利亚卡尔比犬属于小型犬，但是肌肉发达，整体结构紧凑，可以用来牧牛、绵羊、山羊和驯鹿。它很具有敬业精神，工作效率极高，即使距离稍远，也会对主人发出的命令快速做出反应，并且可以长时间连续工作。

饮食： 澳大利亚卡尔比犬的食物量主要取决于它所需的能量和食物所含的热量，为了避免肥胖，还应根据其体重变化，随时做出调整。

饲养小贴士： 澳大利亚卡尔比犬需要有足够大的活动空间，最好能让它有事可做。

身高：43~51 厘米	体重：10~20 千克	个性：积极、敏感、敬业

别名： 大沥犬
寿命： 11~12 年　　**主要用途：** 工作犬、伴侣犬

沙皮犬

沙皮犬褶皱的外表带有王者之气，头部跟河马相似，个性强势，要想训练它不是易事，不喜欢与其他的宠物犬相处，对主人忠诚、温顺，对陌生人比较冷淡。在生活中，沙皮犬的食量小，并且很懒，不喜欢运动，习惯待在狗窝中，很适合在城市中饲养。

饮食： 沙皮犬需要用煮熟、切碎不少于 500 克的新鲜肉类，与等量的熟干素料加少量水调拌均匀后喂食；必须保证饲料的新鲜和清洁；餐具则要经常清洗、定期消毒。

饲养小贴士： 沙皮犬因皱纹多而易生皮肤病，因此，应当经常洗澡，夏天宜每周洗澡两次，秋季则每周洗澡 1 次，并可适当喷些香水以防止体臭。

身高： 46~56 厘米	**体重：** 22~27 千克	**个性：** 自信、警惕、聪明

鼻子大而宽，一般呈黑色
耳朵小而薄，呈等边三角形，耳尖稍圆
眼睛深色，杏眼，带怒容
后腿肌肉发达、强壮，弯曲适度
脚尺寸适中、紧凑、不扩张。脚趾关节接合良好
背线在马肩隆以下稍微放低，然后略微升高至腰部上方
尾根粗且圆，逐渐变成一个细尖

别名：无

寿命：12~13 年　　**主要用途：**猎鸟犬

小明斯特兰犬

小明斯特兰犬是混血的猎鸟犬种，是法国猎犬和近似荷兰猎鸟犬的结合，指示猎物的能力特别强。在 19 世纪时期小明斯特兰犬名声大噪，目前在德国境外的国家也逐渐普及。属于体型壮硕的品种，与较大的同种相比，有明显的分别。

饮食：小明斯特兰犬忌食酱油、糖、盐、味精、花椒、大料等，此外，如玉米、大豆、芝麻等一些不易消化的食物也不要喂食。

饲养小贴士：小明斯特兰犬在洗澡前应带它出去散步，使它能够排出体内杂物，然后再洗澡，洗澡的水温应保持在 36~38℃。

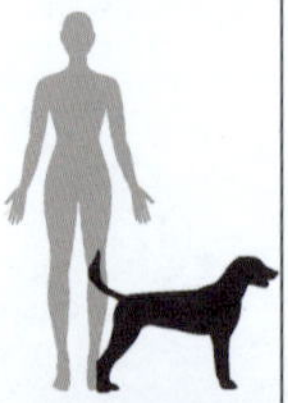

身高：48~56 厘米	**体重：**15 千克左右	**个性：**温和、友善、机敏

别名：恩特雷布赫牧牛犬、英特布彻山地犬
寿命：11~13 年　　**主要用途：**牧畜犬、伴侣犬

恩特雷布赫山地犬

恩特雷布赫山地犬主要分布于瑞士，其他地方较少见。它们可以在较为险峻的山区，保护和驱赶畜牧群，也可以与儿童愉快地玩耍。工作的时候警惕性高，勇猛强悍，与家庭成员相处时就变得温顺而友善，很受孩子们的喜爱。

➲ 饮食：恩特雷布赫山地犬爱吃零食，因此要控制其热量摄入。可将新鲜鸡肉、米饭、胡萝卜、鸡肝等混合煮熟后给其喂食。注意要给其补充充足的蛋白质和维生素。

➲ 饲养小贴士：刚开始驯养恩特雷布赫山地犬时，要严厉一些，不可太过放任。需要较大的活动量，可经常带出去散步。

身高：45~50 厘米 | **体重：**25~27 千克 | **个性：**忠诚、活泼、友善

别名：丛林犬、西巴犬

寿命：10~12 年　**主要用途：**狩猎犬、工作犬、伴侣犬

柴犬

柴犬外观有点像是秋田犬，只是体型偏小，属于猎鸟猎兽犬，活跃度很高，它们能够应付一些复杂的地形，加上灵敏的感官，柴犬可谓是高品质的狩猎犬。思维机警、动作敏捷、感官敏锐使得柴犬成为优秀的看门犬和伴侣犬。

饮食：因为犬粮容易发酵、变质，如果误食，可引起食物中毒，因此，犬的食物最好是加热后放凉的新鲜食物，并且喂食量要适当，不要有剩余。

饲养小贴士：柴犬的趾甲呈半透明状，透过光还可以看到红色的血管，因此，在给它剪趾甲时，千万不能剪到血管部位。

耳朵呈三角形，稳固地竖起且小，但与头部及身躯的比例恰当

两前腿和两前脚都适度分开，直且各自彼此平行

后腿结实，自然的姿势下距离较宽

身高：36.8~41.9 厘米　|　**体重：**6.8~11 千克　|　**个性：**勇敢、质朴、机敏

背部稳固，腰部结实
被毛上层为硬毛，下层为软毛
颈部粗壮，强健，长度适中
眼睛颜色呈深褐色，眼睑呈黑色
前额宽而平坦，有轻微的凹槽
尾巴粗壮有力，呈镰刀状或卷曲状卷在背后
鼻梁很直，从止部到鼻尖呈轻微的锥形
肋骨适度支撑，腹部稳固而上提
飞节结实，既不向内弯，也不向外翻

第三章

大型犬

大型犬一般指身高 61 厘米以上，
体重 30 千克以上的犬种。
它们具备强壮的身体、充沛的精力、专注的精神，
可以在很恶劣的环境下工作。
除了拥有超强的工作能力，也是主人很好的伙伴。
常见的大型犬主要有大白熊犬、秋田犬、
苏格兰牧羊犬、西藏獒犬、阿拉斯加雪橇犬等。

别名： 中牧
寿命： 9~11 年　　**主要用途：** 牧羊犬

中亚牧羊犬

中亚牧羊犬的脸部皮肤较厚，会形成皱纹，口鼻较长，被毛短而密。它是优秀的工作犬，可以适应多种气候，胜任多种工作。它个性友善，对待孩子和家庭中的其他动物也同样友善。即使有强烈的保护欲，但是通过命令同样可以控制它，并且学习速度很快。

➲ **饮食：** 中亚牧羊犬虽然食量不大，但必须保证其食物所含的营养均衡；每天都要喂食新鲜的肉类和蔬菜。

➲ **饲养小贴士：** 中亚牧羊犬喜欢扩张领地，因此，它必须生活在安定、有限制的范围内。

身高： 70~90 厘米	**体重：** 50~90 千克	**个性：** 冷静、无畏、自信

别名：波什罗奇、法国短毛牧羊犬
寿命：10~12 年　　**主要用途：**牧羊犬、护卫犬

法国狼犬

法国狼犬是牧羊犬中最大的犬种之一，最初被用来猎取野猪，后来在很长一段时间里作为放牧犬、警卫犬和家庭护卫犬。它肌肉发达，很有力量，拥有短而厚的被毛，它个性勇敢、沉稳、充满警惕性，对主人及其家庭都十分的忠诚，主人发出命令就会快速执行。

饮食：法国狼犬每天都需要食用新鲜的肉类及等量的杂粮和蔬菜等素食。

饲养小贴士：法国狼犬需要充足的运动量，因此，必须给它较大的活动空间，并且不能把它长时间留在室内。

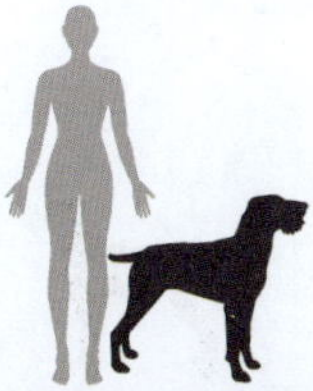

身高：64~71 厘米　|　**体重：**30~39 千克　|　**个性：**大胆、警惕、勇敢

别名：法国长毛牧羊犬

寿命：10~12 年　　**主要用途：**牧羊犬、护卫犬

布里犬

布里犬是北欧的古老犬种，肌肉发达，被毛呈波浪形，可以抵御风雨的侵袭，并且其被毛不需要经常梳理。作为牲畜守护犬和放牧犬，其听力十分灵敏，且富有感情，对工作充满热情，对主人忠诚顺从，个性聪明勇敢、温和可亲，对小孩非常有耐心，可以很好地保护主人和家庭。

➲ 饮食：布里犬每天都需用煮熟、切块的新鲜肉类，与等量的各种杂粮、蔬菜等素食加水调拌均匀后喂食。

➲ 饲养小贴士：布里犬不太适合家庭饲养，因为饲养它需要有充足的时间和精力；它的被毛需要定期梳理，否则会脱落。

身高：57~69 厘米	**体重：**34 千克左右	**个性：**勇敢、忠诚、顺从

鼻镜略呈正方形，黑色，鼻孔张开
嘴唇颜色呈黑色
臀部肌肉发达，略微倾斜
耳朵根部厚实、坚固，被长长的被毛所覆盖
背线延伸到宽阔的腰部和臀部，背部直
颈部与肩部结合良好
外层被毛粗糙、硬、干燥，自然下垂，略呈波浪状
胸部宽而深
脚结实且圆，略呈卵形
脚趾结实，适度呈圆拱形

别名： 无

寿命： 12~13 年　　**主要用途：** 牧羊犬、看家犬

霍夫瓦尔特犬

霍夫瓦尔特犬是大型犬，体格健壮但不显笨重，在室内很安静，到了户外就会很兴奋、精力充沛的样子。具有很好的防御意识，可以很好地保护家畜的安全，还可用来做跟踪、雪崩救援、看家犬和防卫等工作。霍夫瓦尔特犬的嗅觉灵敏、头脑聪明，可塑性很强。

➲ **饮食：** 霍夫瓦尔特犬的幼犬刚出生时，吃母奶；当它开始长牙时，就要断奶，然后喂食流质食物，可用肉罐头加温开水调成糊状喂食，也可用幼犬干粮加热水泡软喂食。

➲ **饲养小贴士：** 霍夫瓦尔特犬需要充足的运动量，因此，要给它提供足够的活动空间和时间。

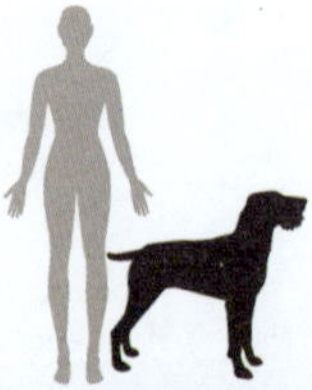

身高：58~70 厘米	体重：25~41 千克	个性：坚定、忠诚

别名：巨型雪纳瑞、巨型史纳莎
寿命：13~16 年　**主要用途：**牧羊犬、警卫犬

大髯犬

大髯犬的外表稍显粗糙，具有浓密的刚毛，可以抵御各种气候条件，它兼具力量和耐力，属于多种用途的工作犬。大髯犬很容易训练，对家庭也非常的忠实，喜欢玩闹，安静时又显得温和，大多喜欢户外生活，对其他犬类和宠物具有一定的攻击性，对陌生人也会保持戒备心理。

➲ **饮食：**大髯犬需要经常补充蛋白质，可给其喂食鸡蛋、米饭、奶酪等，此外，多食米饭，不仅有利于它的消化系统，而且还可以使它的被毛发亮；但不能吃太多肉类，否则容易导致皮肤问题。

➲ **饲养小贴士：**大髯犬不宜洗澡次数太多，最好每年不超过 2~3 次，除非有特殊原因。

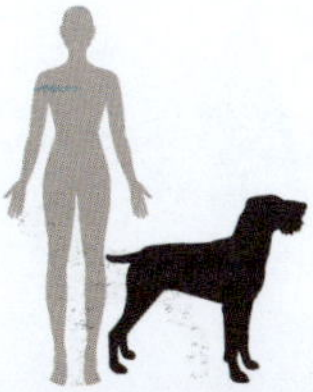

身高：60~70 厘米	**体重：**32~35 千克	**个性：**热情、机警、聪明

别名： 狼狗、弓背、黑背
寿命： 10~12 年　**主要用途：** 牧羊犬、警犬、搜救犬

德国牧羊犬

德国牧羊犬胆大凶猛，机警灵活，在第一次世界大战期间被当作军犬。其奔跑的速度可达每小时 60 千米，追踪猎物的热情很高。德国牧羊犬个性安稳沉着，很有耐性，对人的依赖性强，易于训练。德国牧羊犬已被广泛地应用于军、警用犬，在追踪、救护、护卫等方面不断地为人类做出贡献。

➲ **饮食：** 为了保证德国牧羊犬的正常生长发育，需要及时补充脂肪、蛋白质、碳水化合物、维生素，以及矿物质等。

➲ **饲养小贴士：** 德国牧羊犬具有储食的习性，可经常看到它用爪子刨坑，并把动物骨头埋进去，然后用土盖上。

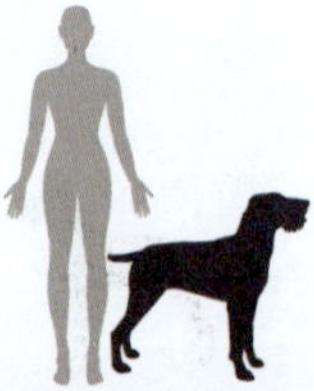

身高：55~65 厘米	体重：22~40 千克	个性：服从、敏锐、警惕

头部大小适中，额部的宽度与头的长度为1：2
腰部强壮，臀部长而倾斜
尾巴长，被毛浓密，生长位置较低
整个后腿大腿宽，肌肉发达
颈部肌肉发达，轮廓鲜明
前腿笔直，骨骼呈卵形

别名： 无
寿命： 10~12 年　　**主要用途：** 牧羊犬、伴侣犬

马雷马牧羊犬

马雷马牧羊犬是最佳的牧羊犬，深爱本职工作，也是野狼的劲敌，但对人非常温驯，颇受牧羊、牧牛、牧马人的尊敬。沉着高傲，不易服从，需要严格训练，对主人忠诚，对孩子温和，但对陌生人比较警惕。

饮食： 如果马雷马牧羊犬的母犬泌乳不足或缺乳，可给其喂食蛋白质含量丰富而又易消化的饲料，还可给其喂食或注射具有催乳作用的催产素或血管加压素。

饲养小贴士： 马雷马牧羊犬不太适合公寓生活，因为它需要大量的活动时间和广阔的活动空间；马雷马牧羊犬不耐高温，因此，夏季应注意防暑降温；被毛则需要定期刷洗。

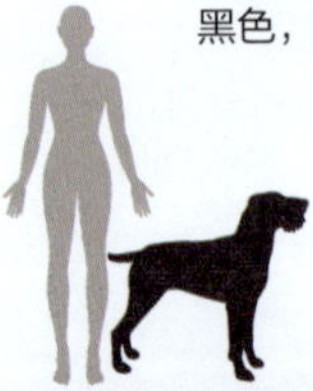

身高：55~66 厘米	体重：36~50 千克	个性：聪慧、安静、沉着

别名： 马斯丁犬

寿命： 10~11 年　　**主要用途：** 工作犬、伴侣犬

西班牙獒犬

西班牙獒犬具有獒犬的典型外貌特征，与西藏藏獒不同，它作为伴侣犬不需要经过大量的训练，直接可以用绳索牵出去，由于其体形偏大，生活中并不是受欢迎的宠物。它是忠于主人的护卫犬，但是也会出现攻击性行为。

饮食： 西班牙獒犬需用煮熟、切碎的肉类制品 500 克左右，与等量的饼干或熟干素料加适量水混合均匀后喂食。

饲养小贴士： 西班牙獒犬每天都需要充足的运动量，因此要有足够的空间供其活动，还要其周围环境空气清新。

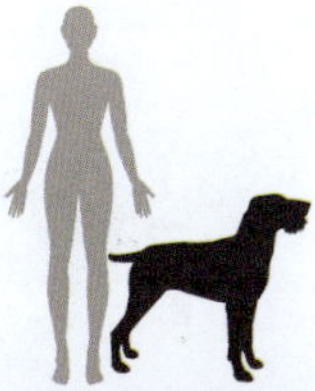

身高：66~74 厘米	体重：50~61 千克	个性：服从、机警

别名：苏牧、柯利犬
寿命：12~15 年　　**主要用途**：牧羊犬、伴侣犬

苏格兰牧羊犬

苏格兰牧羊犬是充满灵性的犬种，外形娇小可爱，整体结构比例非常和谐，个性聪明活泼，对主人忠诚，很容易跟人亲近，所以很受人们的喜欢，被认为是最有魅力的猎犬，它的机警温顺和漂亮外形也使它频频出现在影视作品中。

饮食：在喂养苏格兰牧羊犬的过程中，需要适当补充一些蛋白质和脂肪；生肉或动物内脏要先用水洗净，然后切碎、煮熟，再加入蔬菜，煮沸，可用这样的肉菜汤喂食。

饲养小贴士：苏格兰牧羊犬每天都需要充足的运动量，并且还需要对它进行耐心地训练，否则就连最简单的事情，它也可能学不会。

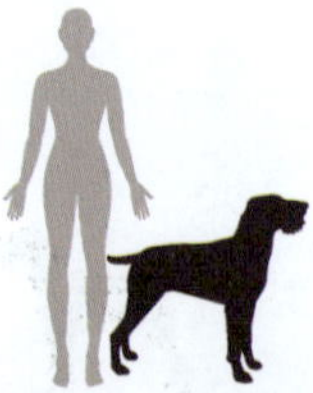

身高：56~66 厘米 | **体重**：22.7~34 千克 | **个性**：聪明、活泼、忠诚

眼睛呈杏仁形，中等大小，既不太大，也不突出
颈部粗壮、整洁，肌肉发达，有大量饰毛
尾巴长度适中，能延伸到飞节或更低
脚相当小，呈卵形。脚垫厚实而坚韧，脚趾圆拱且紧凑
背部结实且水平，腰部有力，且呈圆拱状，臀部倾斜
外层被毛直，触摸感觉粗硬；底毛柔软，浓厚，紧贴身体

别名：无
寿命：12~14 年　　主要用途：牧羊犬

拉坎诺斯犬

比利时的亨利埃塔女王曾将拉坎诺斯犬当作爱犬，在该时期这种犬大受欢迎。它拥有很高的智商，防护能力也很强，在牧羊犬中是优秀品种，具有放牧、护卫、探毒、追踪、看守、辅助残障人士等职能。

饮食：拉坎诺斯犬每天都需要用煮熟、切块的新鲜肉类，与等量的杂粮、蔬菜等素食加水调拌均匀后喂食。

饲养小贴士：拉坎诺斯犬需要大量的活动时间和宽敞的活动空间，可每天至少出去散步 2~3 次，每次至少 30 分钟。

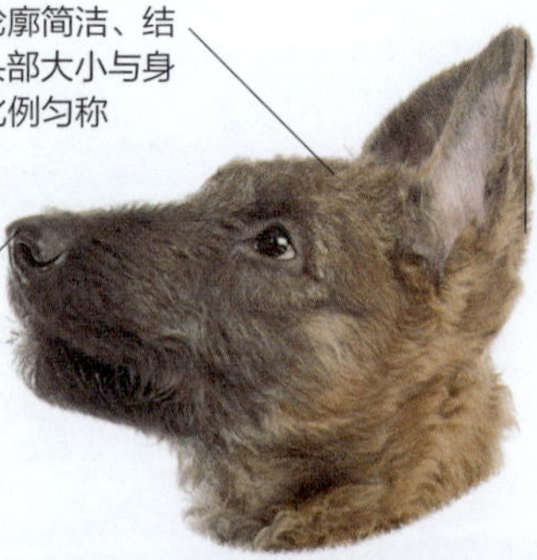

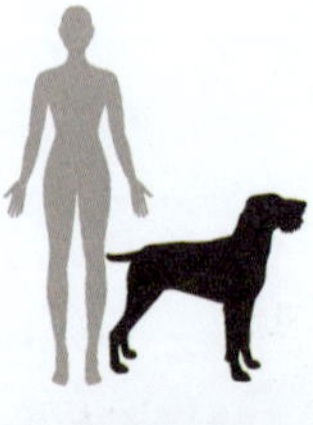

身高：56~66 厘米	体重：28 千克左右	个性：聪明、顺从、敏感

别名：比利时坦比连犬
寿命：11~13 年　　**主要用途**：牧羊犬、护卫犬

特弗伦犬

特弗伦犬是身材匀称的中型犬，不但可以牧羊，还能保护财产，个性不是很凶猛。接收命令后会警惕、专注地行动。特弗伦犬的身体比例协调，头部和颈部高傲昂起。性格温和，喜欢粘人，幼犬性情温和，成年后对主人亲密，对陌生人时刻保持警惕。

➲ **饮食**：特弗伦犬每天都需要用新鲜的肉类以及等量的蔬菜、饼干喂食。

➲ **饲养小贴士**：特弗伦犬活泼好动，每天都需要足够的活动量，因此，每天都要给予它一定的活动时间。

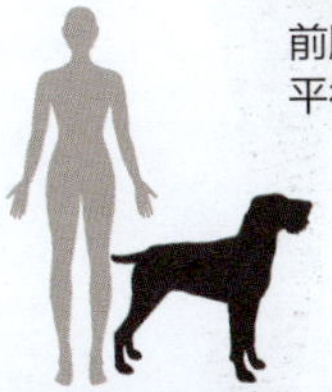

身高：55.9~66 厘米	体重：24~34 千克	个性：聪明、勇敢、机警

别名： 马犬、马里努阿犬
寿命： 11~13 年　　**主要用途：** 牧羊犬、警犬

马利诺斯犬

马利诺斯犬属于短毛犬，服从性好，没有过多的侵略性，忠诚于主人，对陌生人有所保留，有保护主人和自己财产的本能。具有强烈的工作愿望，工作时胆大凶猛、攻击力强，对主人的命令反应迅速，广泛应用于追踪、缉毒，警戒，护卫等任务中。

饮食： 马利诺斯犬每天都需要用煮熟、切块的新鲜肉类，与等量的杂粮、蔬菜等素食加水调拌均匀后喂食。

饲养小贴士： 马利诺斯犬精力充沛，每天都需要充足的运动量，不能把它长时间关在家里，否则它会变得烦躁不安。

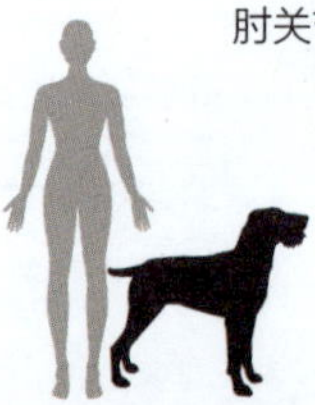

身高： 56~66 厘米　|　**体重：** 20~29 千克　|　**个性：** 机敏、胆大、警觉

别名：比利时牧牛犬
寿命：12~14 年　**主要用途：**牧牛犬、警卫犬、守护犬

佛兰德斯畜牧犬

佛兰德斯畜牧犬的身体结构紧凑，给人沉稳强壮的感觉，被毛稍显粗糙，粗糙的双层被毛可以帮助它适应各种恶劣的气候条件，帮助其完成艰苦的任务。佛兰德斯畜牧犬的动作敏捷，力量和耐力也非常好，具有忠诚和护卫的天性，是非常优秀的工作犬。

➲ 饮食：佛兰德斯畜牧犬每天都需要用新鲜的肉类，与蔬菜、饼干等素料调拌均匀后喂食，但注意肉类不宜喂食太多，

➲ 饲养小贴士：佛兰德斯畜牧犬每天需要充足的运动量，可每天散步 2~3 次，也可进行跑步锻炼，而当春季天气渐暖后，还需加大运动量。

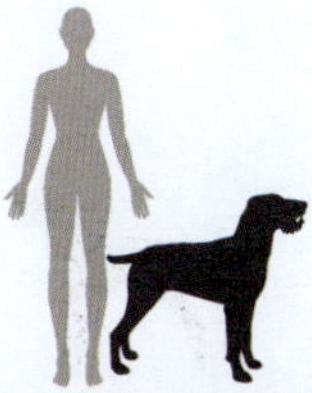

身高：58~69 厘米　|　**体重：**27~40 千克　|　**个性：**机敏、坚决、勇敢

别名： 藏獒、獒犬、番狗、龙狗
寿命： 10~15 年　**主要用途：** 护卫犬、牧羊犬

西藏獒犬

西藏獒犬身材高大，外形威猛，身体结构结实匀称，拥有高贵的王者气质，是举世公认的古老且稀有的大型犬种。西藏獒犬凶猛异常，性格刚毅，常人绝不敢靠近，具有衷心护主的天性，伤人记录有很多，是世界上唯一不怕猛兽的犬种。

饮食： 西藏獒犬可食用玉米、大米、高粱、麦麸、三等面粉、红薯、土豆等，此外，每天还需喂食新鲜肉类及蔬菜；它的食量较大，可适量多喂食。

饲养小贴士： 西藏獒犬喜欢运动，因此，一定要保证它有足够的运动量，尽可能让它在空旷的草地上活动追逐，这样可以促进它的骨骼发育。

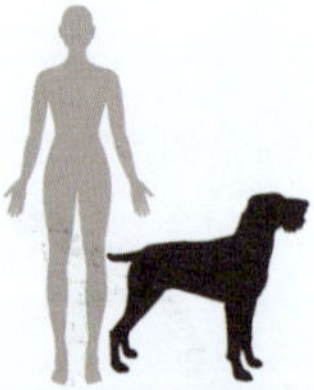

身高： 超过 70 厘米 | **体重：** 70~95 千克 | **个性：** 威严、忠诚、自主

合嘴时上下如包裹状
背部挺直、宽阔，肌肉发达
被毛厚、密而长，冬季比夏季更浓密
前腿直而粗壮，直立时轻度朝内倾斜
耳朵较大，呈三角形，自然下垂，紧贴面部
胸部下垂并低于上肘部
脚大，对称，脚趾间有毛，类似猫科动物的爪

别名： 牛獒、斗牛獒

寿命： 9~11 年　**主要用途：** 护卫犬、伴侣犬

英国獒犬

英国獒犬属于中型犬，身体强壮有力，可以作为护卫犬和家庭伴侣犬，其外表长得凶悍可怕，但是性格却很善良，本身耐力很好且勇敢无畏，不怕面对比自己大的动物。英国獒犬可以适应寒冷或者炎热的气候环境，但是不适合城市生活。

饮食： 英国獒犬每天都需要用煮熟、切碎的新鲜肉类，与等量的杂粮、蔬菜等素食加水调拌均匀后喂食；还要定期更换饲料品种。

饲养小贴士： 英国獒犬每天都需要充足的运动量；它的被毛不需要经常梳理。

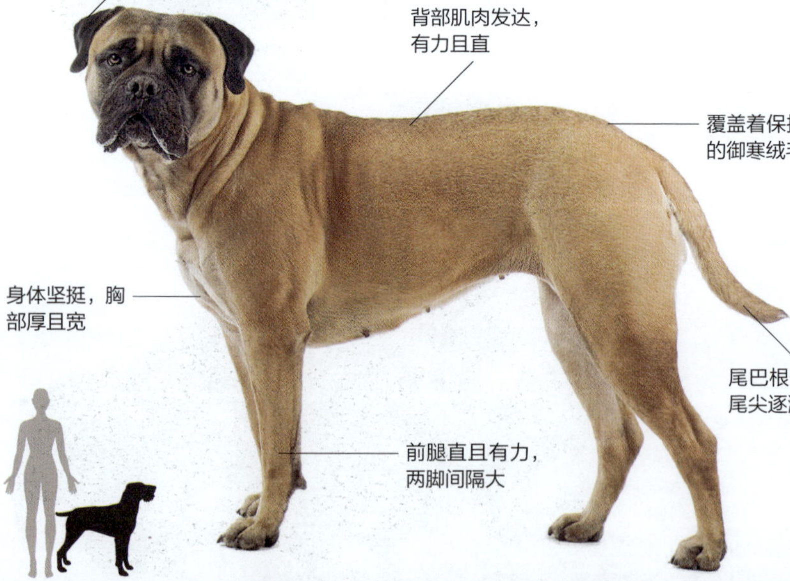

身高：最低 70 厘米	体重：79~86 千克	个性：亲切、敦厚、忠诚

别名： 斗牛马士提夫犬
寿命： 9~11 年　　**主要用途：** 护卫犬、伴侣犬

斗牛獒犬

斗牛獒犬集勇气和凶猛于一身，主要职责是对付偷猎者，力量大且速度快，敏锐的嗅觉使它能有效地追踪偷猎者并且制服他。斗牛獒犬具有强烈的攻击性，时刻充满活力，个性沉稳、忠厚，但是需要很好的照顾，否则身体易变形。

饮食： 斗牛獒犬每天都需要用新鲜的肉类、杂粮、蔬菜等喂食；要定期更换饲料品种，以确保摄入的营养全面均衡。

饲养小贴士： 斗牛獒犬每天都需要充足的运动量；还需预防螨虫病，但如果得了螨虫病则要尽早治疗，因为越早治疗，效果越好。

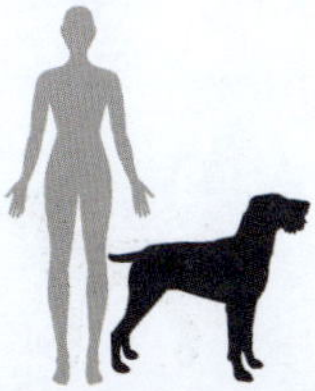

身高：64~69 厘米	体重：41~59 千克	个性：沉稳、忠实、快活

别名： 罗威纳犬、洛威拿
寿命： 9~11 年　　**主要用途：** 护卫犬、伴侣犬

罗特韦尔犬

罗特韦尔犬身强体壮，行动迅速，很有气势，头脑聪明，容易接近，不仅是优秀的警犬，也是很受欢迎的家庭犬。它喜欢经常跟家人待在一起，所以罗特韦尔犬会紧随主人的脚步。需要在幼犬时就严格调教它，否则成年后很难控制。

饮食： 罗特韦尔犬能食用切碎、压碎的圆白菜、菠菜、胡萝卜、土豆或其他不用煮熟的蔬菜，但如果不将蔬菜切碎或压碎，它就很难吸收。

饲养小贴士： 罗特韦尔犬的被毛需要经常梳理，只有这样，它的毛发才会看起来光滑漂亮。

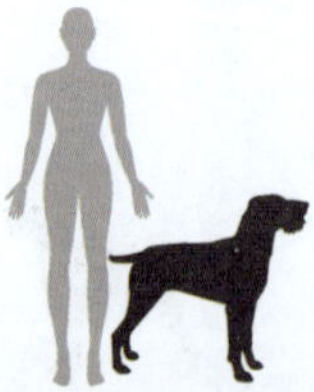

身高：58~69 厘米	体重：38~59 千克	个性：聪明、沉稳、忠诚

别名： 法国獒犬、波尔多牛头犬
寿命： 9~11 年　**主要用途：** 护卫犬、伴侣犬

波尔多犬

波尔多犬是优秀的护卫犬，自身的警惕性非常高，勇气十足，但不存在过分的攻击性。它也是很好的伴侣犬，对主人顺从并忠诚，它的外表让人有些畏惧，但其实对家人很温和，能够善待孩子。波尔多犬睡觉会打呼噜和流口水，非常有趣。

饮食： 波尔多犬每天都需要食用新鲜的肉类以及杂粮、蔬菜等；还需定期更换饲料品种，以确保摄入的营养全面均衡。

饲养小贴士： 波尔多犬每天都需要充足的运动量，每天应至少带它出去散步 2~3 次。

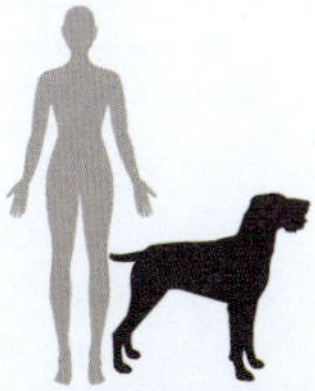

身高： 58~69 厘米	**体重：** 36~45 千克	**个性：** 坚决、忠贞、勇敢

别名：大比利牛斯山地犬
寿命：12~16 年　**主要用途：**护卫犬、工作犬

大白熊犬

大白熊犬整体健壮，身体协调，是一种漂亮和聪明的犬，它自信、温和、友善、忠诚、有耐心，是力量型的犬种，必要时会勇敢地保护其领地、羊群或家庭，很受人们的喜欢。

饮食：大白熊犬的幼犬在出生后的 6 周左右就要断奶，然后就可以吃食物了，但在 1~6 个月内，每天应喂食 3~4 次。

饲养小贴士：大白熊犬每天都需要充足的运动量，需要较大的生活和活动空间；它的被毛需每天梳理，经常梳理还可代替洗澡。

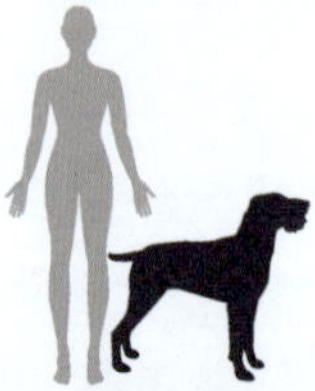

身高：65~81 厘米	**体重：**45~60 千克	**个性：**聪明、自信、独立

别名： 库瓦茨犬
寿命： 12~14 年　　**主要用途：** 护卫犬、工作犬

库瓦兹犬

库瓦兹犬的外貌与比熊犬相似，拥有白色的被毛。它生性敏感，很在意批评和夸赞，本身具自我牺牲的精神，其本性为家族犬，具有忠实、温和、有耐心的特点，没有明显的情绪化。具有很强烈的保护欲望，会主动去保护小孩子。一般对陌生人比较礼貌，对待新朋友则非常的谨慎。

➲ **饮食：** 库瓦兹犬每天都需要食用新鲜的肉类以及杂粮、蔬菜等；还需定期更换饲料品种，以确保摄入的营养全面均衡。

➲ **饲养小贴士：** 库瓦兹犬每天都需要充足的运动量，因此需要较大的生活和活动空间。

身高：72~77 厘米	体重：46~52 千克	个性：聪明、果断、勇敢

别名： 纽波利顿獒犬、那不勒斯獒犬

寿命： 9~11 年　　**主要用途：** 护卫犬、工作犬

拿波里獒犬

拿波里獒犬的脸部皮肤有很多的皱褶，垂肉由头部延伸到颈部，看起来有多层皮肤。它属于大型犬，给人雄壮的感觉，其领地意识十分强烈，对主人忠诚，对工作认真，很适合当看门犬，是可信的工作伙伴。

➲ 饮食： 每天的食物中，应包含肉、饭、蔬菜和汤水等，可以将这几种食物切碎混合在一起喂食。拿波里獒犬的食量很大，每天最少喂食两顿。

➲ 饲养小贴士： 拿波里獒犬喜欢广阔的活动空间和新鲜的空气，因此，在饲养过程中，一定要保证它有足够的活动量和充足的活动时间。

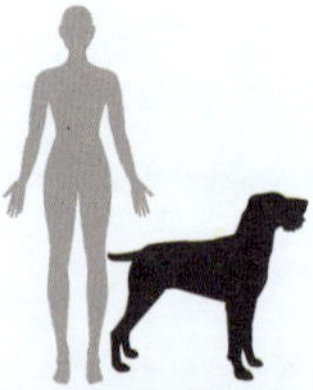

身高：65~75 厘米	体重：50~68 千克	个性：忠实、温驯、温和

别名： 无

寿命： 12 年左右　　**主要用途：** 工作犬、护卫犬、伴侣犬

拳狮犬

拳师犬的祖先是獒犬种，体形健壮，好斗，天性活泼，精力充沛，责任感强。由于其服从性好，也是很好的伴侣犬，喜欢与家人嬉闹，对孩子很关爱且具有耐心，对陌生人保持谨慎状态，面对威胁毫不畏惧，但对友好的表示反应很温和。

➲ 饮食： 拳师犬的幼犬在 6 个月以前，营养热量需求较高，因此，一定要保证一天三餐。

➲ 饲养小贴士： 拳师犬有时会出现眼屎将眼部被毛黏结的情况，洗澡时，应先将眼部被毛打湿，然后等洗完澡后，待眼屎软化，再用密梳梳通其眼部的被毛。

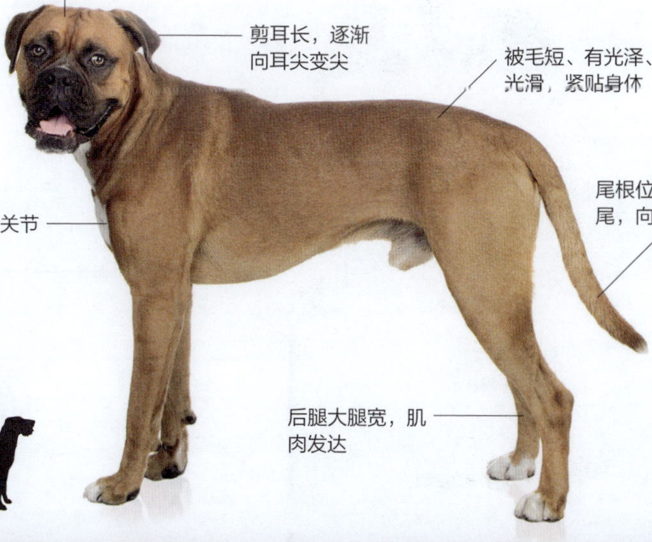

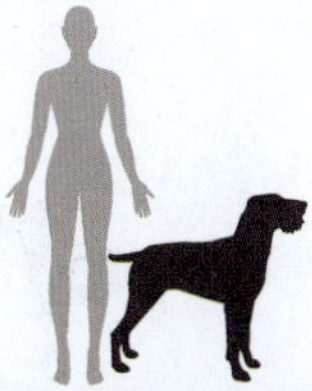

身高： 53.3~63.5 厘米	**体重：** 25~32 千克	**个性：** 聪明、温顺、忠诚

别名：阿拉斯加马拉穆
寿命：11~12 年　　**主要用途：**雪橇犬

阿拉斯加雪橇犬

阿拉斯加雪橇犬四肢强壮，培耐力很强，主要用于在极地拖拽雪橇和货物。对主人非常忠诚，聪明且充满感情。阿拉斯加雪橇犬具有一定的攻击性，需要经过严格的管理和训练。它性格顽强，方向感很好，嗅觉灵敏，经常在极地工作。

饮食：阿拉斯加雪橇犬不可一次喂食太多，并要保证有规律地喂食，否则容易造成其胃扭转和胃出血，还不利于营养的吸收。

饲养小贴士：阿拉斯加雪橇犬的运动量较大，可每天带它出去跑步；它的被毛浓密，湿气不容易散出，容易患湿疹等皮肤病，因此，不能在太潮湿的环境中生存。

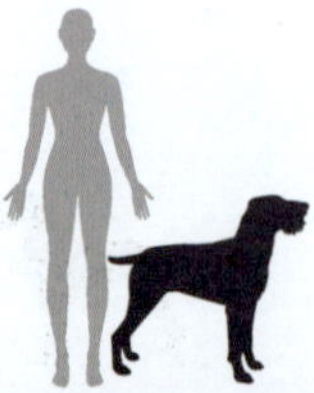

身高：58.4~63.5 厘米　|　**体重：**34~39 千克　|　**个性：**憨厚、稳重、忠诚

黑色的鼻镜
上下颚宽大，牙齿巨大
眼睛的颜色为褐色，杏仁状，中等大小
尾巴上长着软毛，镰刀形曲线状翻卷在背后
内层为丰厚的绒毛，外层为质地较硬的针状毛
胸部厚实，肌肉丰富
毛色为烟灰色、黑色、紫貂色、红色、砂色等颜色的组合

别名：爱斯基摩狗

寿命：13~15 年　　**主要用途：**雪橇犬、护卫犬

爱斯基摩犬

爱斯基摩犬能够抵御寒冷，在极冷之地也能出色地完成工作，它在冰上可以拖拽有重物的雪橇，有时也被用来狩猎。是友善、警惕、聪明的犬种，它也是优秀的看门犬，可通过充满警告性的吠叫声来宣告陌生人来访。有保护家庭和家人的责任感，但是不会有攻击人的危险。

饮食：夏季，由于气温较高，爱斯基摩犬易出现食欲减退的情况，这时要相应减少肉类的喂食，同时增加新鲜蔬菜和肉汤，除此之外，还可以改变饲料的种类；同时注意给它准备充足的清洁饮用水。

饲养小贴士：爱斯基摩犬由于体热散发困难，在气温高、湿度大的环境中，非常容易中暑，因此，应避免它在烈日下活动，并将犬舍设在阴凉处，如果天气炎热，还可经常为它洗冷水浴。

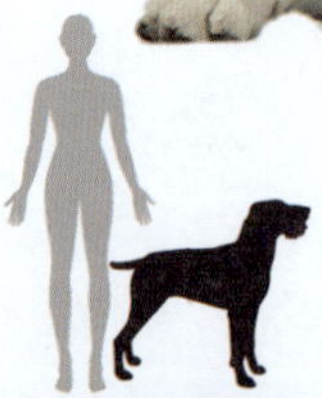

身高：51~68 厘米	体重：27.2~47.2 千克	个性：警惕、友善、刚强

别名： 伯恩山犬
寿命： 9~12 年　　**主要用途：** 工作犬

伯尔尼兹山地犬

伯尔尼兹山地犬是瑞士具有古老血统的犬种，长毛，外表很漂亮，具有高贵的气质，它可以拖着小车运载货物。它性格聪明、活泼，动作灵活、敏捷，可以在山区中拖曳货物或驱赶畜群。

饮食： 伯尔尼兹山地犬每天需用煮熟、切碎的肉类 500 克左右，与等量的饼干或熟的干素料加适量水调和后喂食。

饲养小贴士： 伯尔尼兹山地犬每天都需要大量运动，因此，在城市饲养，务必要保证它能得到足够的运动机会。

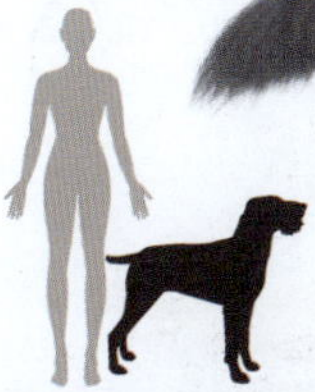

身高：58~70 厘米	体重：40~44 千克	个性：自信、机警、温和

别名： 尼德兰牧羊犬
寿命： 12~14 年　　**主要用途：** 牧羊犬、伴侣犬

荷兰牧羊犬

荷兰牧羊犬有很强的领地意识，机灵敏捷，善于捕捉小动物，工作能力强。需要的照顾很少，训练比较容易，能很快掌握新命令，可以耐受疲劳，抵抗恶劣天气。对主人及其家庭会很有感情，非常忠诚，友好，爱游戏，精力充沛。与同类能友好相处，对其他宠物也很好。

饮食： 3 个月以内的幼犬应喂食稀饭、牛奶或豆浆等流食，并可适量加入煮熟、切碎的鱼、肉类以及青菜等。

饲养小贴士： 荷兰牧羊犬不耐热，应保持它周围环境的凉爽；被毛需要定期梳理；每天都需要充足的运动量。

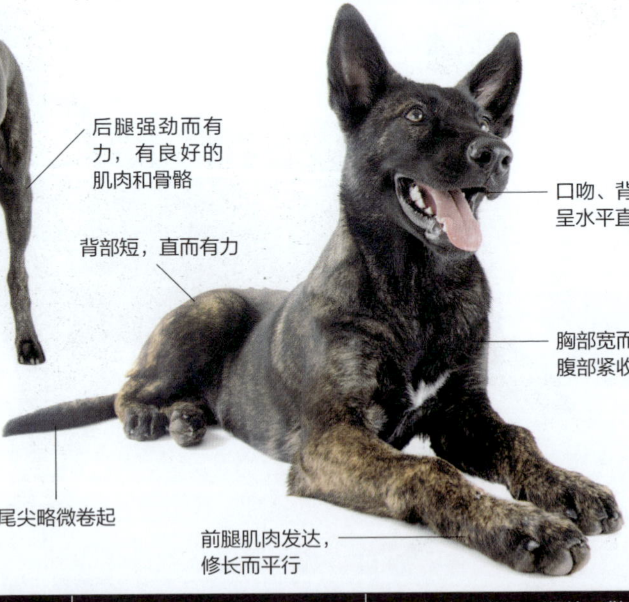

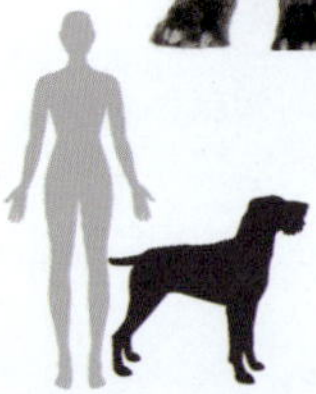

身高：58~63 厘米	体重：30 千克左右	个性：聪明、顺从、警觉

别名：无
寿命：12~14 年　**主要用途：**牧羊犬

格罗安达犬

格罗安达犬喜欢保护羊群以及主人和主人的财产。在主人命令下，它非常警惕、专注且敏捷。对陌生人时刻警惕且密切关注，但不恐慌。对熟悉的人或被主人接纳的人是友善、友好的。对它关注的事物热心，占有欲比较强。

➲ 饮食：格罗安达犬每天都需要用煮熟、切块的新鲜肉类，与等量的杂粮、蔬菜等素食加水调拌均匀后喂食。

➲ 饲养小贴士：格罗安达犬不太适合公寓生活，需要大量的活动时间和广阔的活动空间，可每天至少出去散步 2~3 次，每次至少 30 分钟。

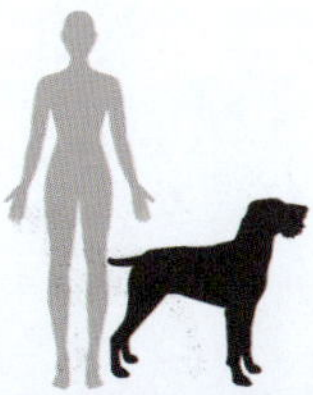

身高：56~66 厘米	**体重：**28 千克左右	**个性：**聪明、勇敢、机警

别名：大型瑞士山地犬
寿命：10~11 年　　**主要用途：**工作犬

大瑞士山地犬

大瑞士山地犬身形巨大，是显眼的三色犬，被毛平顺，尾巴吊在身后。其力气大而且外观坚定，非常引人注目。它主要被用于放牧牲畜、守卫和拉车。在瑞士的四种猎犬中，大瑞士山地犬是历史最古老的一种。

➲ 饮食：犬在 7~8 岁时，就开始进入老年期，为了预防老年病，它的饮食要尽量保持清淡，不可喂食甜食。

➲ 饲养小贴士：犬的正常体温为 38~39℃，兴奋时略有上升，若体温超过 39℃则为不正常现象，这时必须就医。

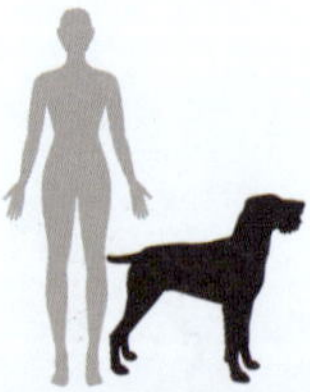

身高：60~70 厘米	体重：59~61 千克	个性：勇敢、忠诚、机警

别名：无
寿命：12 年左右　　**主要用途**：工作犬、伴侣犬

英国老式斗牛犬

英国老式斗牛犬身材雄壮，头部很大，呈方形，额头上生出了许多皱褶。外观上看起来很凶悍，它是英国的国犬，不爱吵闹，是优秀的看门犬，个性亲切友善，喜欢小孩子，但对动物的反应却是难以捉摸。

饮食：英国老式斗牛犬的消化系统十分脆弱，因此，千万不要喂食任何含有大豆的食物，甚至吃压缩狗粮也会出现打嗝或呕吐现象。

饲养小贴士：英国老式斗牛犬适宜家庭喂养；它能适应炎热天气，也不需要经常梳理被毛，但容易出现呼吸困难以及眼睛、皮肤和心脏的问题。

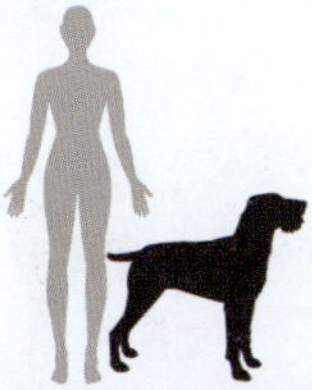

身高：51~64 厘米	体重：18~25 千克	个性：大胆、友善、机警

别名：圣伯纳德犬、圣伯纳阿尔卑斯山獒
寿命：9~11 年　　主要用途：工作犬

圣伯纳犬

圣伯纳犬是名副其实的工作犬，它体形庞大，肌肉强壮，容易被训练，对主人很忠诚，曾从事艰巨的山难救援工作。圣伯纳犬虽然看起来很凶猛，但是其性格却很温顺，对人友善，喜欢和小孩子一起玩耍，且其聪明机智，活泼好动，深受人们的喜爱。

➲ 饮食：饮食应该结合狗粮和煮熟的牛骨、猪骨等，一定不要喂食生冷冰冻的食物和有刺激性的食物。每天的喂食时间最好固定。

➲ 饲养小贴士：圣伯纳犬体形庞大，因此其活动空间应相应足够大。运动对圣伯纳犬非常重要，每天出去散步是必不可少的，这样才能使其身体功能和耐力得到提高。

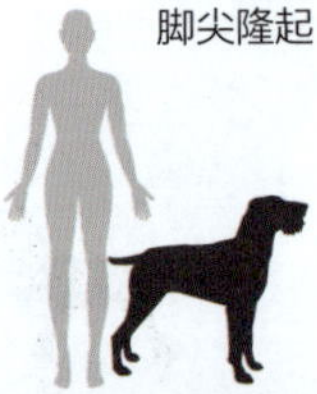

身高：65~71 厘米	体重：50~91 千克	个性：温顺、善良、友爱

别名：土佐斗犬
寿命：10~12 年　　**主要用途：**工作犬、斗犬

土佐犬

土佐犬的个性十分安静，它在生气和与人发生冲突时也不爱吠叫，但是其护卫能力值得肯定。对家人和孩子很温顺，对到访的客人也能和睦相处。但生性强悍、好斗，对其他犬具有猛烈的攻击性，不能与其他犬种相处。

饮食：土佐犬的饲料中蛋白质、碳水化合物以及脂肪的比例应分别为 50%、40%、10% 左右，注意营养均衡，此外，食物中还要加入一些维生素和矿物质等。

饲养小贴士：土佐犬需要有足够的活动空间，以让其散步和奔跑；害怕孤独，需要主人每天至少能和它在一起 3 个小时。

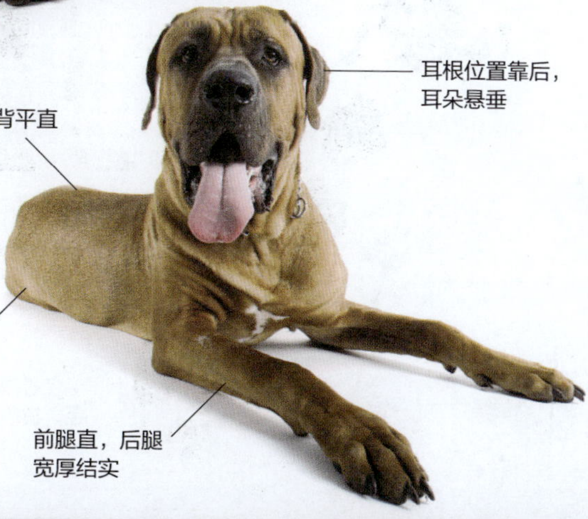

身高：62~65 厘米	**体重：**60 千克左右	**个性：**耐心、镇静、勇敢

别名：德国獒犬
寿命：很少超过 10 年　　主要用途：伴侣犬、狩猎犬

大丹犬

大丹犬在欧洲曾经是专供王室及贵族饲养的犬种，是身份和地位的象征。之前人们会用它拉东西或者进行狩猎，现在被当作宠物来饲养。大丹犬生性急躁，报复心很强，但是对主人忠心耿耿，接受训练后，可驯养成能力强且服从命令的警卫犬。

➲ 饮食：大丹犬可每天喂食 1500~2000 克的生鸡肠；也可自制犬粮。要定时定量喂食，一般每天两餐。要不间断提供清洁的饮用水。

➲ 饲养小贴士：为了保持大丹犬的清洁，每天都要给它刷毛；要保证每天的运动量，夏季，早晚为运动时间，冬季，中午为运动时间，一般每天运动两次，每次 30 分钟即可。

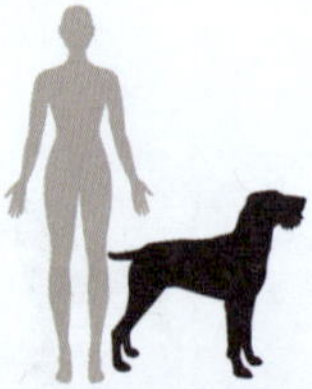

身高：70 厘米以上	体重：45 千克以上	个性：聪明、勇敢、忠诚

别名：兰波格犬
寿命：平均寿命约 7 年　　**主要用途：**伴侣犬、护卫犬、水难救生犬

兰伯格犬

兰伯格犬的原产地是德国，它的体毛能防止水的渗透，脚趾间有蹼，天性爱水，擅长游泳，可以非常灵活自在的在水中活动，经过训练，还能成为优秀的水难救生犬。兰伯格犬非常高大，肌肉结实有力，气势威武雄壮，但是它非常亲切和善，喜欢和孩子玩，服从性强，很适合有小朋友的家庭饲养。

饮食：兰波格犬每天食用新鲜肉类，并配备等量的麦片、无糖饼干等素食。

饲养小贴士：兰波格犬睡觉时，一般将它关在犬舍或室内的指定地方。

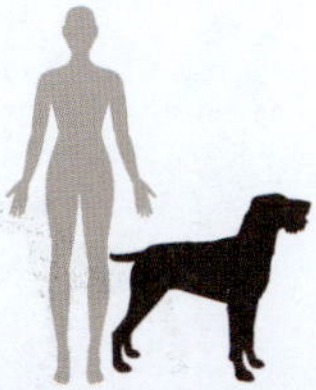

身高：65~80 厘米	体重：40~60 千克	个性：聪明、友善、灵敏

别名：格力犬
寿命：9~15 年　　**主要用途：**伴侣犬、牧羊犬、看护犬

意大利灵缇

意大利灵缇是世界上奔跑速度最快的犬，是陆地上速度仅次于猎豹的哺乳类动物之一。它气质高雅，眼睛炯炯有神，但是不充满敌意，本身是一个很喜爱与人相处的犬种。意大利灵缇是用来狩猎野兔的狗，对主人非常顺从，是古老的犬种之一。

饮食：意大利灵缇的饲料分为动物性饲料、植物性饲料和添加剂三类；要保证它营养全面，尤其是要注意蛋白质和维生素的摄入。

饲养小贴士：意大利灵缇活泼好动，如果运动不够，它还会咬人，因此，一定保证它每天 40~60 分钟的运动时间，以及每天约 10 千米的运动量。

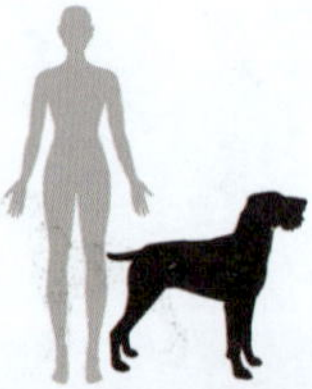

身高：68~76 厘米	体重：27~32 千克	个性：聪明、和善、忠诚

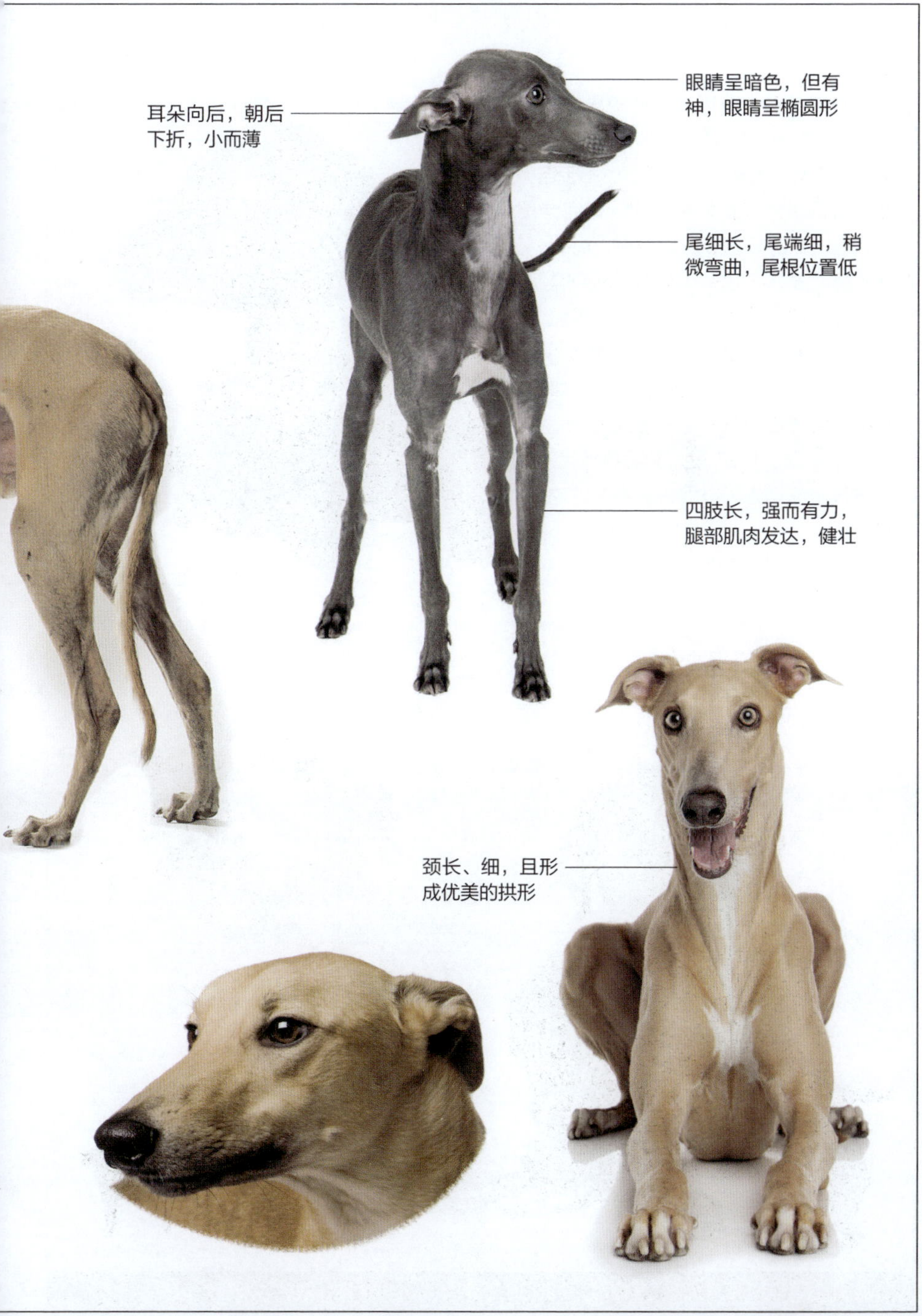
耳朵向后，朝后
下折，小而薄
眼睛呈暗色，但有
神，眼睛呈椭圆形
尾细长，尾端细，稍
微弯曲，尾根位置低
四肢长，强而有力，
腿部肌肉发达，健壮
颈长、细，且形
成优美的拱形

别名： 卷毛寻回猎犬

寿命： 8~12 年　　**主要用途：** 狩猎犬

卷毛寻猎犬

卷毛寻猎犬在猎犬品种中算是最古老的品种之一，其嗅觉和记忆力都相当惊人。它独立、冷静，任何情况都不会羞怯，也不会自得其乐。卷毛寻回猎犬在野外和在家里是完全相反的两种状态，在野外它热情、稳重、勇敢；在家里它平静、友善。这种犬外观优雅整洁，水性特别好，拥有一身快干的防水毛皮。

饮食： 卷毛寻猎犬的食物温度需保持在 40℃左右，不能过冷或过热，如果食物温度超过 50℃，它可能会拒食。

饲养小贴士： 夏季，卷毛寻猎犬可进行游泳训练，以促进它身体的匀称发展。

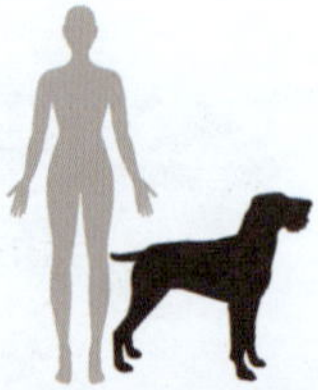

身高：64~69 厘米	体重：32~36 千克	个性：敏感、友善、可爱、忠实

别名： 无

寿命： 11~12 年　　**主要用途：** 工作犬、伴侣犬

美国斗牛犬

美国斗牛犬的身形非常健美，头部呈方形，被毛富有光泽，短而密，它勇敢、机敏，在幼时就会对其进行社会化的训练，主要被用于放牧或者狩猎活动。现在一般被用来作为伴侣犬或看门犬。

饮食： 尽量不要限制美国斗牛犬 6 个月之前幼犬的食量，因为如果它的营养不够，会影响到它的形体发育。

饲养小贴士： 美国斗牛犬大都非常喜欢乘车旅行，因此，在它年幼时，可带它进行一次短途旅行。

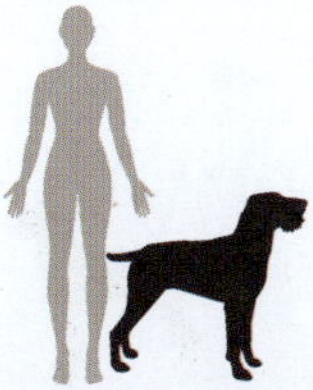

身高： 48~71 厘米	**体重：** 30~60 千克	**个性：** 勇敢、敏捷

别名：英国塞特犬、英国雪达
寿命：10~12 年　　**主要用途：**枪猎犬、伴侣犬

英国蹲猎犬

英国蹲猎犬的外表看起来非常的端庄，性格也很温和，集家庭宠物和运动犬于一身，是小孩子们的忠实伙伴。它美貌和温柔共存，可以养在室内和家人共同生活，也可将其养在室外。此犬很容易训练，发现猎物时会就地坐下，反应迅速。

饮食：英国蹲猎犬摄入的营养成分应比例均衡，包括适量的蛋白质、脂肪、糖类、多种维生素和矿物质。

饲养小贴士：英国蹲猎犬喜欢运动，需要足够的运动量，并且不适合城市的生活方式；要适时做好清洁卫生工作，每周梳理毛发两次，耳朵则更要经常清洁。

脑袋呈卵形，中等宽度，不粗糙

耳朵中等长度，末端略圆，耳郭略薄，覆盖着丝状被毛

脚前端笔直向前，脚趾紧凑、结实且圆拱，脚垫发达且坚固

眼睛呈深褐色，明亮

颈部长而优美，肌肉发达，且倾斜

被毛平坦，没有卷曲

前腿直，且两前腿相互平行

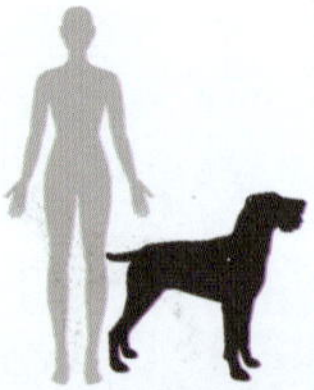

身高：61~69 厘米	体重：25~39 千克	个性：温和、忠诚、敏感、活泼

别名： 平毛寻回犬
寿命： 12~14 年　　**主要用途：** 狩猎犬、寻回犬、伴侣犬

顺毛寻猎犬

顺毛寻猎犬具有敏锐、自信、聪明的特点，射击后会如利剑般冲出去，准确找回陆地上或水中的猎物。它非常渴望野外，具有很好的适应能力，不仅能够在丘陵地区狩猎，还能猎取水鸟。作为伴侣犬时，它又聪明活泼、待人友善，警惕性又很好。

➲ 饮食： 顺毛寻猎犬忌食贝类、墨斗鱼、鱿鱼、花生等干果类，以及辣椒、芥末、葱、蒜等具有强烈刺激性的调味品。

➲ 饲养小贴士： 如果顺毛寻猎犬做了不应该做的事，可用水枪喷射它，反复多次即可达到调教纠正的目的。

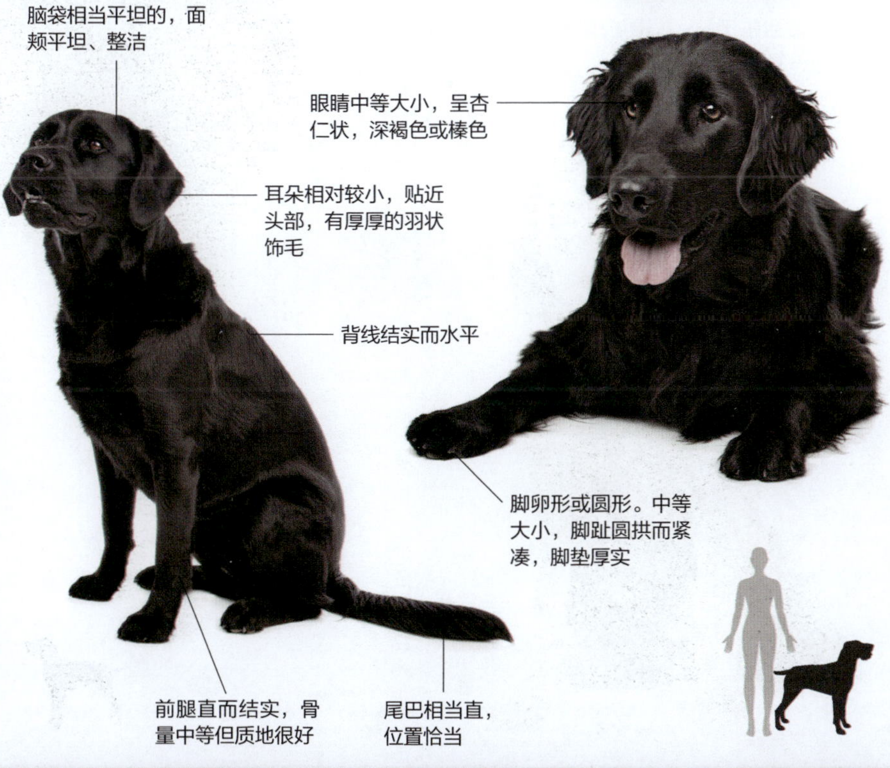

身高：56~63 厘米	体重：25~35 千克	个性：敏感、可爱、自信、快乐、友好

别名：哥顿雪达犬、戈登塞特猎犬
寿命：12~13 年　　**主要用途：**枪猎犬、伴侣犬

戈登蹲猎犬

戈登蹲猎犬的肌肉非常结实，体格强壮，与其他蹲猎犬不同的是其毛色为黑色和棕褐色。它属于经验丰富的猎犬，擅长找猎物，速度虽然不快，但是嗅觉能力和耐力都超强。该品种的幼犬成熟的比较缓慢，而且品质不一。戈登蹲猎犬容易被训练，也易与别的犬相处，一般适合小孩，它还能适应寒冷的气候。

➲ **饮食：**戈登蹲猎犬的幼犬食用专用钙片以补钙，此外，每天还要喂食 1 粒鱼肝油以补充维生素 A 和维生素 D。

➲ **饲养小贴士：**戈登蹲猎犬喜欢运动，需要进行大量运动；不适合城市的生活方式；要适时做好清洁卫生工作，每周梳理毛发两次，且耳朵也要经常清洁。

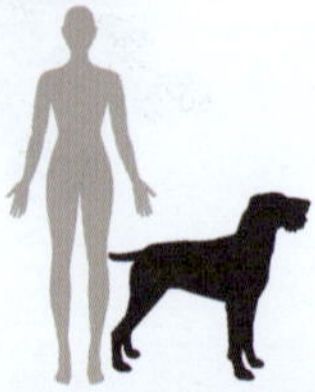

身高：62~66 厘米	**体重：**25~30 千克	**个性：**服从、忠诚、聪慧、无畏

眼睛呈深褐色且明亮，
既不突出也不深陷

腰部宽且略微拱起

脚趾紧贴，且呈圆
拱形，脚垫结实

尾巴直或是略微弯
曲呈弯刀状，尾根
部厚，尾尖变细

后腿长、宽且肌肉发达，
飞节到脚跟部短而结实

别名： 波音达犬
寿命： 12~14 年　　**主要用途：** 单猎犬

指示猎犬

指示猎犬的嗅觉十分灵敏，奔跑的速度快、耐力久，动作敏捷，姿态优美，是猎手们最钟爱的犬种之一。指示猎犬的气质平静，但是警惕性很高，它既适合当作家庭伴侣犬，也适合在野外进行狩猎活动。它不管是面对人或是犬都不会羞怯，可以为主人以外的人工作，是人类真正的朋友，一些表演节目中也经常会用到指示猎犬。

饮食： 指示猎犬忌食巧克力、杏仁、葡萄、姜、生豆角、洋葱，以及海鲜类、菌类、调料类等，动物肝脏虽可以食用，但要适量，不可多食。

饲养小贴士： 指示猎犬喜欢运动，只有保证它每天都有足够的运动量，才能让其健康成长。

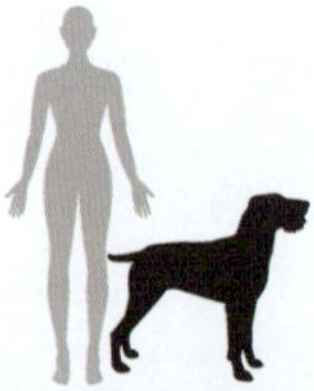

身高：58~72 厘米	体重：20~34 千克	个性：聪明、警惕、敏捷

腰部长度中等，有力量，
且呈轻微的圆拱状
脑袋宽度中等，
与口吻的长度大
致一样
眼睛足够大，
圆而热烈
耳朵贴近头部自然
的下垂，能够达到
下颚的位置
背部强壮而结实，从
臀部到肩胛略微上升
被毛短、浓密、
平滑，而有光泽
后腿肌肉发达，
且有力，能产生
巨大的爆发力

别名：魏玛犬、德国刚毛指示犬
寿命：12~14 年　　**主要用途：**狩猎犬

德国硬毛指示猎犬

德国硬毛指示猎犬是一个忠诚的伴侣，有时会躲避陌生人，但不会不友好，渴望取悦主人，且热衷于学习。它还可以抵御恶劣气候环境，可以进行野外作业，并且承担多种不同的任务，在各种地形都能追捕猎物，是一种充满斗志的犬类。

➲ 饮食：德国硬毛指示猎犬的饲料为新鲜的肉类、蔬菜，加等量的麦片、饼干等素料即可；还要为它准备适量的饮用水。

➲ 饲养小贴士：德国硬毛指示猎犬精力充沛，力量大，每天都需要足够的运动量，否则很容易被激怒，甚至可能失控。

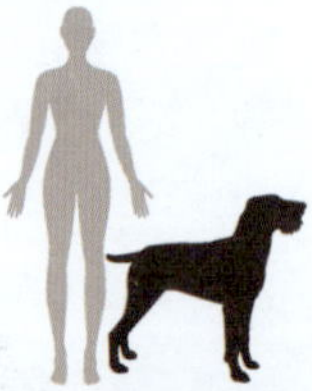

身高：56~67 厘米	**体重：**27~32 千克	**个性：**聪明、坚定

别名： 荷兰山鹑猎犬
寿命： 10~12 年　　**主要用途：** 单猎犬、寻回犬、搜寻犬

荷兰猎鸟犬

荷兰猎鸟犬属于休闲狩猎犬，常常用来猎取野鸡、野兔和山鹑。它能指示猎物，会在射程范围内搜寻，并和猎手保持一定的距离。当发现猎物时会聪明地保持适当距离，并将尾巴绕圈甩动，以向猎人发出指示，等待猎人靠近。它还可以在水中狩猎。

饮食： 因荷兰猎鸟犬的生长速度很快，需要在饮食中添加一些钙来维持生长所需。

饲养小贴士： 必须保证荷兰猎鸟犬每天都有足够的运动量，否则会影响其健康成长，因此，如果不能满足其每天的运动量，则不适合驯养。

身高：56~64 厘米	体重：23 千克左右	个性：服从、和顺、忠诚、聪明

别名： 獒犬
寿命： 10~16 年 **主要用途：** 护卫犬、狩猎犬

马士提夫犬

马士提夫犬的原产地是英国，身材非常的高大、魁梧，整体结构也很紧密、匀称。给人庄严而高贵的感觉。雄犬整体感觉魁梧，雌犬结构更加紧实。马士提夫犬具有很强的攻击性，它具有活力，同时具有沉稳、忠实的性格，该犬能够承担起守卫和狩猎的职责。

➲ 饮食： 马士提夫犬食量较大，每周需要吃超过 45 千克的肉以及其他食品，且还需饮用大量羊奶。

➲ 饲养小贴士： 马士提夫犬的幼犬在出生 2 个月后，最易生病，这是因为这时的它从母体带的抗体几乎完全消失，各种病毒性疾病有可能随时发生，因此，需要及时接种犬瘟热、犬细小病毒和传染性肝炎等疫苗。

身高： 70~80 厘米	**体重：** 68~100 千克	**个性：** 勇敢、沉稳、和善、忠实

腰部宽，且肌肉发达

胸部宽、深，在前腿之间向下发展

外层被毛直、粗硬，且长度略短，底毛被毛浓密、短、平贴身体

眼睛位置分得较开，中等大小

耳朵呈“V”字形，尖端略圆。耳郭略薄，两耳位置分得非常开

背线直、水平，且坚实，没有凹陷、拱起

两后腿距离分得较开，从后面观察，两后腿彼此平行

别名： 爱尔兰红白雪达犬
寿命： 11~15 年　　**主要用途：** 单猎犬、伴侣犬

爱尔兰红白蹲猎犬

爱尔兰红白蹲猎犬曾经是良种的野外工作犬，其嗅觉非常灵敏，可以适应各种气候和各种地形，并完成狩猎工作，但是它曾经濒临灭绝，在近年来才开始恢复培育。它们对生活充满着热情，这使得它们在幼年时比其他安静的犬种更易受伤。

饮食： 爱尔兰红白蹲猎犬每天需用煮熟、切碎的新鲜肉类及蔬菜，加少量水与等量的麦片、饼干等熟干素料调和喂食。

饲养小贴士： 需保证爱尔兰红白蹲猎犬每天都有足够的运动量，且为了保持它的狩猎技能，还需进行严格的训练。

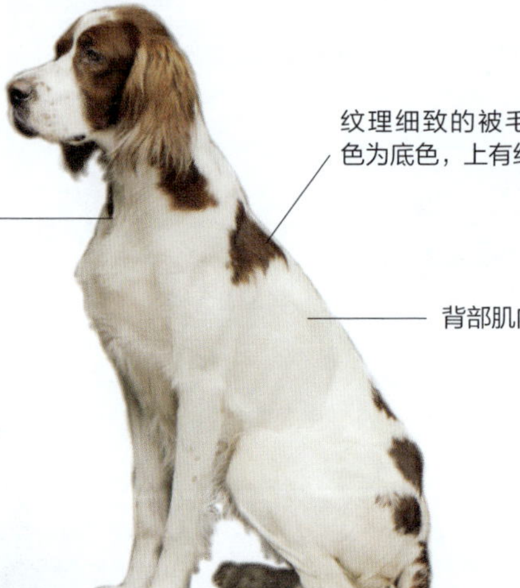

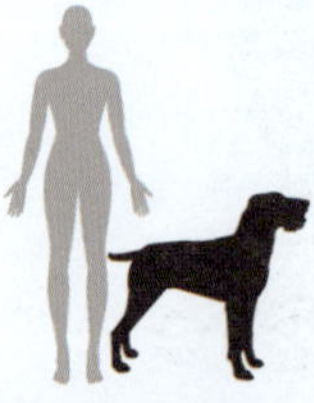

身高：58~69 厘米	体重：27~32 千克	个性：活泼、深情、敏捷

别名： 奥弗涅向导猎犬

寿命： 12~14 年　　**主要用途：** 狩猎犬

奥弗涅指示犬

奥弗涅指示犬有夺目的毛色和斑纹，其最与众不同的特征是黑色的被毛将耳朵和眼睛周围覆盖，而身体的其余部分则是黑色和白色的被毛，进而产生蓝色的毛色，这是最著名的“炭画”毛色图形。其性格活泼，微有些敏感，对主人很忠诚，现在还是用于狩猎。

饮食： 奥佛涅指示犬每天需用煮熟、切碎的新鲜肉类及蔬菜，加少量水与等量的麦片、饼干等熟干素食调和喂食。

饲养小贴士： 需保证奥佛涅指示犬每天都有足够的运动量，如果不能保证，那就不适宜饲养它，此外，为了保持它的狩猎技能，还需进行严格的训练。

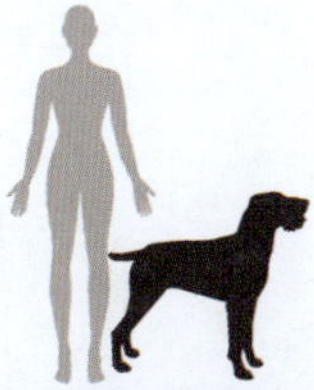

身高： 56~61 厘米	**体重：** 22~28 千克	**个性：** 活泼、敏感、忠诚

别名：超级枪猎犬

寿命：12~15 年　　**主要用途：**狩猎犬

硬毛指示格里芬犬

硬毛指示格里芬犬的嗅觉很灵敏，喜欢狩猎，可用于指示并追寻到猎物，主要用于捕猎鹌鹑、野兔、狐狸等动物。能穿越猎人所遇到的多种复杂地形，运动起来表现出轻盈而迅捷的优美体态。它易于训练，忠于家庭，且性格十分友好，这些优点使它受到大家的喜爱。

饮食：硬毛指示格里芬犬进食时不太咀嚼，需将粗纤维的蔬菜切碎或煮熟，此外，为了磨牙，还需经常给它一些骨头。

饲养小贴士：硬毛指示格里芬犬每天都需要充足的运动量，否则会影响它的生长发育，此外，为了保持它的狩猎技能，还需要进行严格的训练。

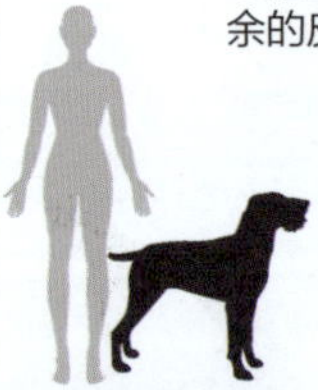

身高：56~61 厘米	体重：23~27 千克	个性：聪明、灵敏、忠诚

别名：维兹拉犬
寿命：12~14 年　　**主要用途：**枪猎犬、家庭犬

匈牙利维兹拉犬

匈牙利维兹拉犬属中等体型的猎犬，被毛是暗黄色，给人高尚优雅的感觉，性格活泼、好动，肌肉发达，体力很好。它具有追踪猎物、通知地点、运回猎物等能力。这种犬沉稳并富有理智，对人顺从，充满活力，容易训练。

饮食：匈牙利维兹拉犬的食物以动物蛋白和脂肪为主，以素食为辅。

饲养小贴士：匈牙利维兹拉犬每天都需要充足的运动量，以保证它的健康成长。

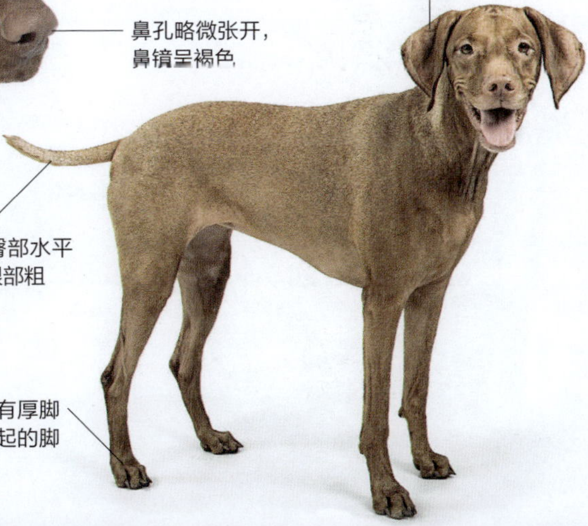

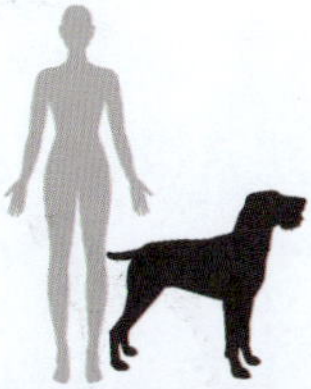

身高：57~64 厘米	**体重：**22~30 千克	**个性：**沉稳、理智、顺从

别名： 阿根廷獒犬
寿命： 10~12 年　　**主要用途：** 狩猎犬

阿根廷犬

阿根廷犬属于猛犬的类型，一般会用来猎取比较大型的猛兽，如野猪、山狮和美洲豹等。这种犬杀伤力和攻击力都非常强，能长时间的以很快的速度奔跑，仍有足够的力量来征服它的猎物。但是它对于自己的主人和家庭成员非常的忠诚温顺，对待孩子也很友善，喜欢与孩子相处，有强烈的护卫本能。

➲ 饮食： 阿根廷犬的食物中需要添加少量的钙粉或维生素A、维生素D，一天添加三次，并且注意要在食物冷却后添加。

➲ 饲养小贴士： 阿根廷犬每天需户外运动 2~3 次，且每次不低于 30 分钟；为了保持清洁卫生，还需每天用刷子刷身 1~2 次，如果是夏季还需经常给它洗澡。

中等头形，看起来强壮有力，没有尖锐的棱角

胸宽阔、深，胸骨顶尖部和肩关节处于同一条水平线

被毛长度一致、短，触感平滑

后脚和前脚相似，但是后脚稍小稍宽

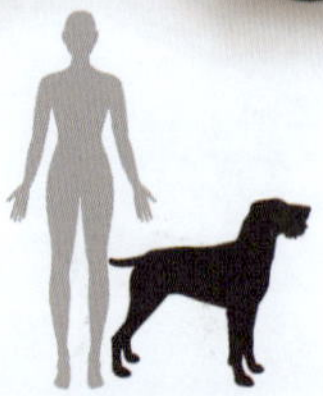

身高： 61~69 厘米	**体重：** 36~45 千克	**个性：** 大胆、勇敢、忠诚

眼睛深色或淡褐色，呈杏核形状，两眼间距大
鼻子黑色，向前稍微上翘
耳朵位置高，而且从头部侧面嵌入
前脚圆，脚趾短、结实、紧凑，脚垫厚实

别名： 英国猎狐犬
寿命： 10~12 年　　**主要用途：** 狩猎犬

猎狐犬

猎狐犬不以单只计算，适应群居的生活，都成双成对。猎狐犬性格开朗，又很温顺，时刻充满活力，但也具有强烈的反抗情绪，必须经过严格的训练。一般来讲不适合作为家庭犬，它精力旺盛，具有较强的破坏力，不易当作伴侣犬来饲养。

饮食： 猎狐犬每天食用肉食不少于 200 克，还需要食用与肉类等量的饼干等其他干素料。

饲养小贴士： 猎狐犬需要定期洗澡，并每天用硬毛刷梳理毛发，耳朵内外、口鼻和下巴部的被毛也要照顾到，最好用清洁剂洗刷，这样可保持全身被毛的清洁卫生。

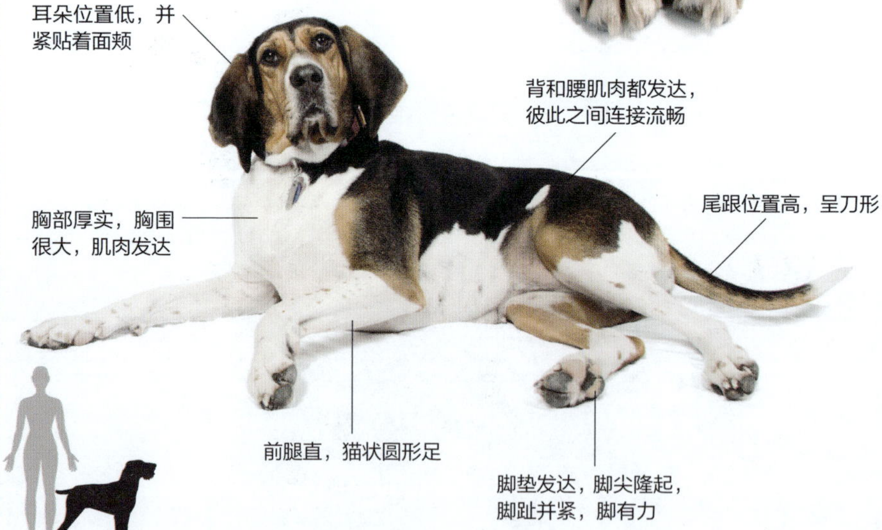

身高：58~69 厘米	体重：25~34 千克	个性：活泼、开朗、温顺

别名：高哥西班牙犬
寿命：9~15 年　**主要用途：**狩猎犬、伴侣犬

西班牙灵缇

西班牙灵缇作为猎犬，主要训练的就是它们的速度。其外貌别具一格，鼻子稍长，体格结实。它们与主人的感情很深厚，与人亲近，但同时也会保持安静。它们对陌生人充满了警惕，有时会对它们感觉有危险的人发动攻击，始终保持高度的警惕性。

饮食：西班牙灵缇不挑食，但一定要保证其食物所含的营养均衡，尤其是不能缺乏蛋白质和维生素，因此，每天都要提供新鲜的肉类、蔬菜。

饲养小贴士：西班牙灵缇需要充足的运动量，即每天要满足它40~60 分钟的运动时间，而成年犬每天的运动量则约为 10 千米。

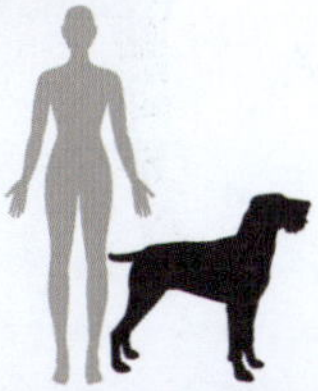

身高：66~71 厘米	**体重：**27~36 千克	**个性：**安静、警惕

别名：苏格兰猎鹿犬
寿命：12~13 年　　**主要用途：**群猎犬、伴侣犬

猎鹿犬

猎鹿犬的体形强健，身体高且力量大，它的胆子很大，但有时又稍显羞怯和安静，忠实于主人，不好攻击，表情通常非常温顺，兴奋时观察很敏锐。粗糙的毛皮可以抵挡恶劣的气候，最早被用来猎鹿，当猎枪被广泛使用后，其数量迅速减少。

饮食：猎鹿犬每天需食用新鲜肉类及蔬菜，而需食用的饼干等其他干素料与肉类等量。

饲养小贴士：猎鹿犬如果情绪不稳，可先口头训斥，然后再用水枪向它喷水，这样可以使它冷静下来。

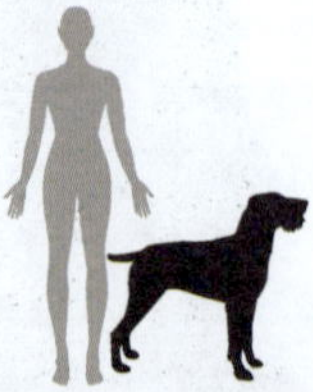

身高：75~80 厘米	体重：34~50 千克	个性：安静、忠实、温顺

别名：格力犬、灰狗
寿命：9~15 年　　主要用途：狩猎犬

灵缇

灵缇的奔跑速度很快，是所有犬类中速度最快的犬。行走时步态流畅，奔跑时速度仅次于猎豹。灵缇不具备看家护主的本领，不会攻击陌生人也不常吠叫。它生性怕冷，喜欢卧在温暖舒适的地方，当它发现猎物或者让他感兴趣的东西的时候，他会表现出令人吃惊的速度和灵活性，快速奔向目标。

➲ 饮食：灵缇不挑食，但要保证其食物所含的营养均衡，尤其是不能缺乏蛋白质和维生素。

➲ 饲养小贴士：灵缇每天需要 40~60 分钟的运动时间，而成年犬则每天需要运动量约 10 千米。

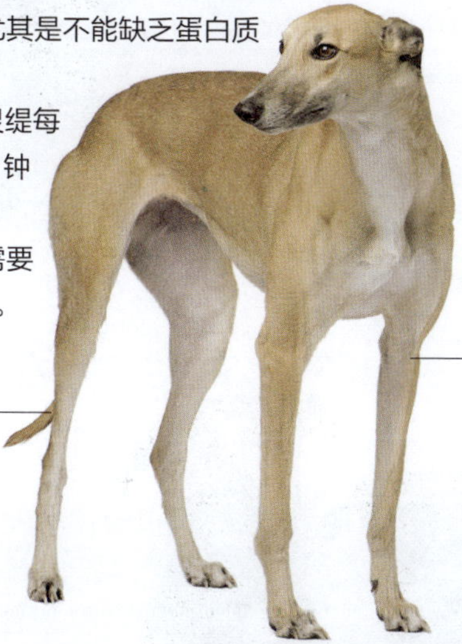

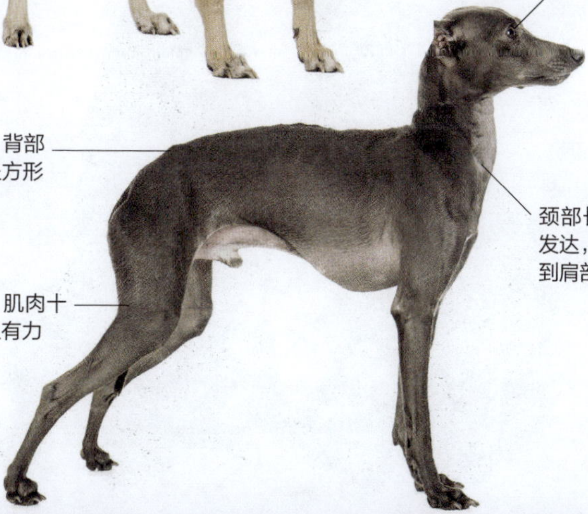

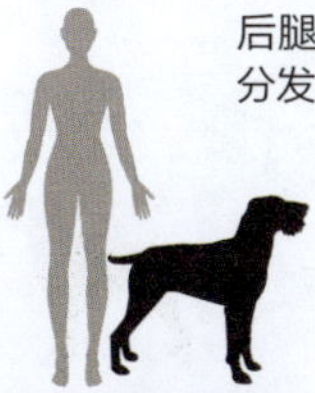

身高：68~76 厘米 | 体重：27~32 千克 | 个性：神经敏感、机警

别名：无
寿命：6~8 年　　**主要用途：**狩猎犬

爱尔兰猎狼犬

爱尔兰猎狼犬是世界上最高大的犬种之一，整体感觉非常的威严，常被用来捕狩狼、麋鹿、野猪等动物。它是力量和速度的完美结合，肌肉相当发达，整体结构优雅，并且视力敏锐，动作轻松活跃，头部与颈部高昂，尾巴上翘，末端形成轻微的曲线。爱尔兰猎狼犬性情温顺，只有在捕斗时才显现出强悍的一面。

饮食：爱尔兰猎狼犬的身体需要摄入充足的维生素 E、维生素 D，因此，可在食物中适当添加一些煮熟的蛋黄、瘦肉、海藻类、蔬菜，以及植物油等。

饲养小贴士：爱尔兰猎狼犬喜欢奔跑，因此，需要宽敞的活动空间；可经常晒太阳，并每天给它梳理被毛。

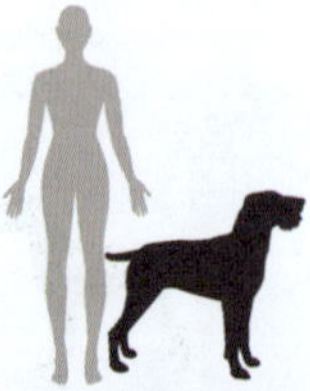

身高：71~90 厘米 | **体重：**40~55 千克 | **个性：**温顺、安静、友善

头部长，前额前端的骨骼轻微的突起
口鼻部长，中等大小
被毛杂乱，尤其是眼睛上和下颚的被毛较长
尾巴长而略微卷曲，中等粗细
胸部非常深、宽阔
前腿肌肉发达，整个前腿非常结实，且相当直
后腿飞节位置低，既不向内弯，也不向外翻
脚趾呈圆拱形，且紧凑，趾甲非常结实，且弯曲

别名：圣 · 休伯特猎犬
寿命：13~14 年　**主要用途：**狩猎犬

寻血猎犬

寻血猎犬的嗅觉很灵敏，具有长时间追踪的能力，即使是超过 14 天的气味，寻血猎犬也可以追踪到，并且创造了连续追踪气味 220 千米的纪录。寻血猎犬在平时会显得安静而顺从，与人类相处时忠诚且善良。不喜欢吵闹，天生有点羞怯，对主人的批评和赞扬同样敏感。

饮食：寻血猎犬需要适时补钙，可每天食用新鲜的肉类、蔬菜，以及饼干等；忌食巧克力、生肉或未完全煮熟的肉类。

饲养小贴士：寻血猎犬需要进行大量运动，尤其喜欢追踪游戏，这不仅符合它的天性，而且也可以起到培训目的；同时还应该让它养成有规律的生活起居。

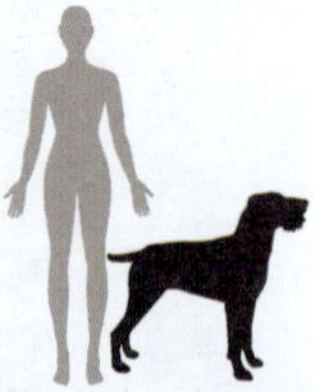

身高：58~69 厘米	体重：36~41 千克	个性：温顺、和善、忠诚

眼睛深陷在眼眶里，
眼睑呈菱形或钻石形
耳朵优美地合拢下垂，
末端向里向后卷曲
后躯结实，
肌肉发达
耳朵薄而软，特别
长，位置十分低
颈部长，肩部肌肉
发达而且向后倾
斜，肋弹性很好
背和腰强健，腰
深陷而略呈弓形
浓密的双层被毛
脚趾拱起，脚垫结实

别名： 科博特菲勒犬、猎兔犬
寿命： 12~14 年　**主要用途：** 狩猎犬、伴侣犬

法老王猎犬

法老王猎犬血统高贵，属于古老的犬种，整体的轮廓鲜明，线条优美，它感情丰富，顽皮的同时不失警惕性。它非常忠诚，视觉和嗅觉都很敏锐，狩猎能力强。喜欢和小孩子嬉戏打闹，渴望得到人类的关注。

饮食： 法老王猎犬每天需要足够的清洁饮用水，而在高温下运动后，一定要饮凉开水，千万不能饮冰水，以免刺激肠胃。

饲养小贴士： 法老王猎犬能够适应炎热的天气；不需要经常梳理被毛；不容易训练，需要进行大量的身体训练。

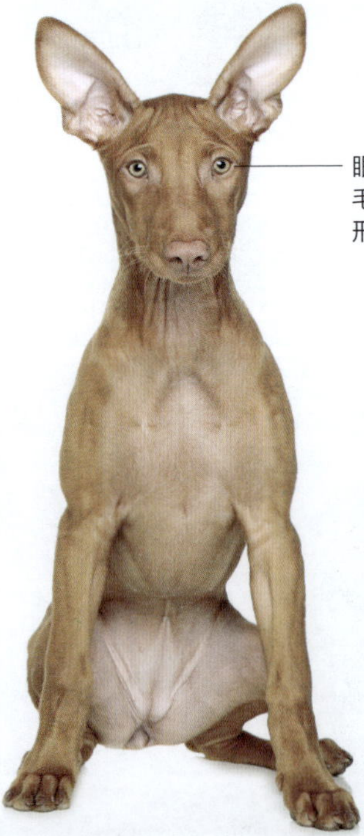

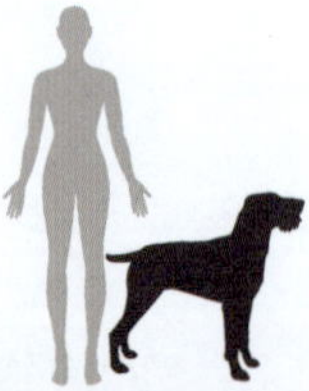

身高：56~64 厘米	体重：20~25 千克	个性：聪明、友善、亲切

脑袋的轮廓与口吻平行，头部呈钝楔形

颈部长，倾斜，肌肉发达，轻微地呈圆拱，使头部高高昂起

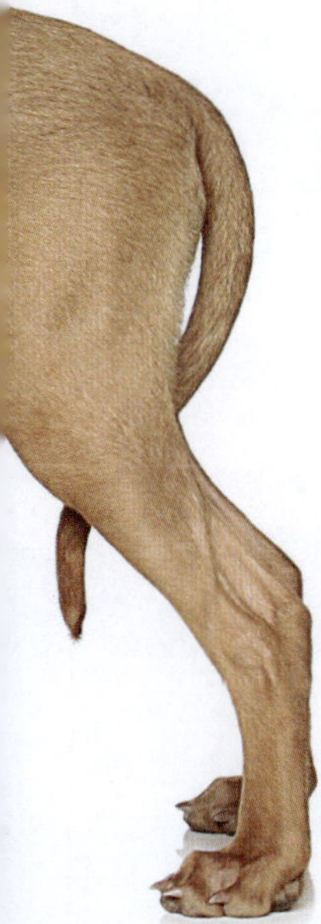

耳根部宽，耳朵大而细腻

鼻镜肉色，与被毛颜色相称，没有其他颜色

背线差不多是笔直的，臀部到尾根处略微倾斜

两后腿彼此平行，结实而肌肉发达

别名：依比沙猎犬、伊比桑猎犬
寿命：9~11 年　**主要用途：**狩猎犬、伴侣犬

伊维萨猎犬

伊维萨猎犬的身体柔软性好，适合奔跑，拥有同鹿一样的气质，是优雅和力量的结合体，多才多艺且可塑性强，是很好的家庭宠物。在户外，它显示出热情和天生的捕猎本能，在复杂的地形中还能行动快速自如，凭借出色的视觉、听觉和嗅觉，可以在夜间进行狩猎，有指示和寻回猎物的技能。

饮食：伊维萨猎犬每天应食用约 300 克的新鲜肉类和等分量的麦片、饼干等干素料；每天饮用干净的清水 1~2 次。

饲养小贴士：伊维萨猎犬需要每隔 5~7 天清除一次耳垢和眼屎，并用温开水洗眼，以防止眼疾，还应隔几天为它修剪一次爪子。

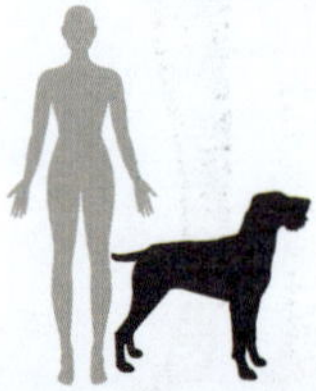

身高：57~70 厘米	体重：19~25 千克	个性：友善、忠诚、服从

别名： 阿拉伯猎犬、猎羚犬
寿命： 12 年左右　　**主要用途：** 狩猎犬、伴侣犬

萨路基猎犬

萨路基猎犬的速度飞快，属于古埃及的贵族犬种，在阿拉伯国家中，萨路基猎犬一般被用于捕捉龄羊，在猎鹰的指引下，这种犬会向羚羊进攻，同样它们样会捕捉狐狸和兔子，在英国它们的任务是帮猎人找兔子。这种犬的感情与生俱来，对主人的关心和依恋一直都会显现。

➲ **饮食：** 萨路基猎犬需要适时补钙，可用煮熟、切碎的新鲜肉类和蔬菜，与等量的熟干素料加少量水调和喂食。

➲ **饲养小贴士：** 萨路基猎犬需要有足够大的运动场地进行训练，如果没有适合的运动场地，就要谨慎饲养该犬种。

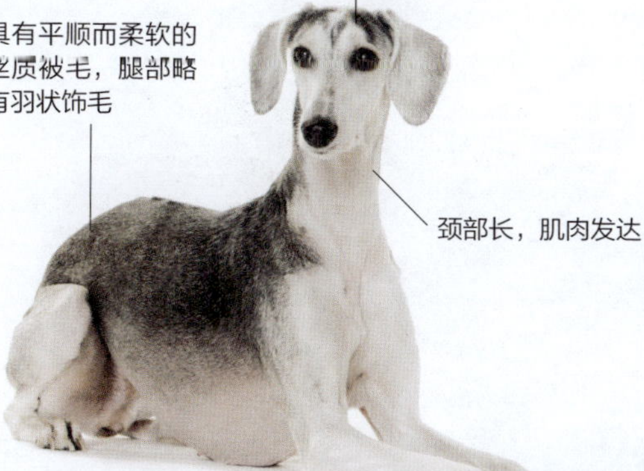

身高： 56~71 厘米　|　**体重：** 20~30 千克　|　**个性：** 活泼、友善、忠诚

别名： 苏俄猎狼犬
寿命： 12~14 年　　**主要用途：** 猎狼犬

苏俄牧羊犬

苏俄牧羊犬拥有健全的行走结构，其颈部肢颌非常的强壮，同时拥有勇气和敏捷度。最初是用来追猎野兽的猎犬，它们主要依靠视觉追逐猎物，而不是像其他猎犬一样依靠嗅觉。公犬雄壮威猛；母犬则娇柔而优雅。苏俄牧羊犬的感情丰富，常会展现出其拘谨的个性，有时会有顽固的表现。

饮食： 苏俄牧羊犬的大型犬每天需喂食新鲜肉类 500~600 克，小型犬则需喂食肉类 350~400 克；肉类要先煮熟、切碎，再用等量的熟干素料或不含糖的饼干加适量水调和后喂食。

饲养小贴士： 苏俄牧羊犬需要广阔的活动空间，最好不要长时间把它单独留在室内；还需要大量训练，才能保持和增强它的狩猎技能；它喜欢追逐猫或其他动物，如果在街上行走，一定要拴住它。

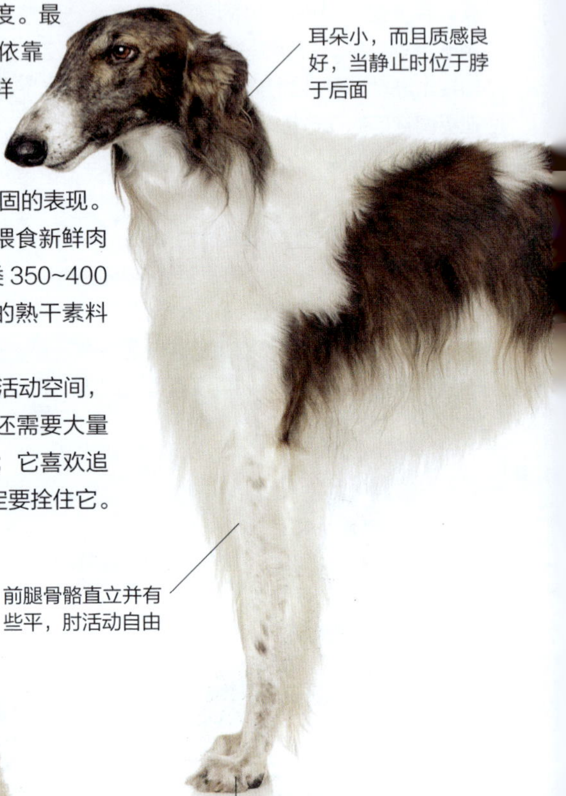

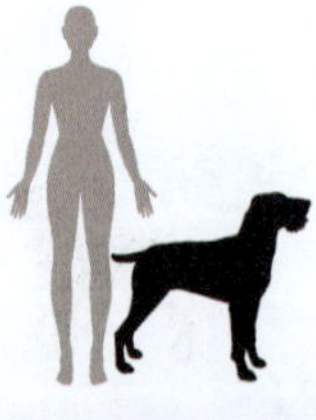

身高： 67~79 厘米　|　**体重：** 34~48 千克　|　**个性：** 友善、聪明、勇敢、忠实

头骨略微突出，呈
穹状，长而狭窄
眼眶暗黑，眼内角在
鼻尖和枕骨部之间
颈部无节，略呈弓形，
非常有力，适当向前倾
肩倾斜，肩胛
上缘自然、不
粗糙、不笨重
胸部相当狭窄，深凹
尾巴长，低放着，呈
现出优美的曲线
被毛长而如丝般光滑

别名： 俾路支猎犬、喀布尔犬
寿命： 12~15 年　　**主要用途：** 视觉猎犬、伴侣犬

阿富汗猎犬

阿富汗猎犬属于贵族犬，能适应恶劣的环境，拥有较强的忍耐力，它们动作敏捷且拥有强壮的体魄，给人高贵而孤傲的印象。它前部挺直，骄傲地昂着头，没有任何平凡或粗糙的痕迹，喜欢用眼睛凝视远方。

➲ **饮食：** 阿富汗猎犬每天需喂食肉类或肉制品 500~600 克，并加等量的饼干或熟干素料，但因它体型大又好动，因此，可适当增加食物的供给。

➲ **饲养小贴士：** 阿富汗猎犬应每天坚持用梳子梳理被毛，可防止打结和预防脱毛，但如果发现被毛打结，切忌用手去抓，要用针一点一点地挑开。

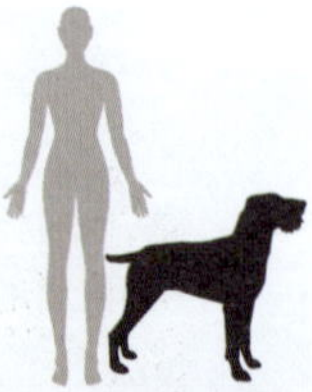

身高： 61~74 厘米	**体重：** 20~27 千克	**个性：** 孤傲、威严、快乐

耳朵长，被长而丝状的被毛所覆盖
头部长度恰当，显得非常精致
眼睛呈杏仁状，颜色深
被毛修长、浓密，不需要修剪或修整
鼻镜大小合适，呈黑色
尾根位置不过分高，呈环状或末端弯曲
颈部有足够的长度，结实且呈圆拱形，与肩部连接呈曲线
脚上覆盖着浓厚的长被毛，质地精细
脚趾呈圆拱状

别名：无

寿命：12~13 年　　**主要用途：**单猎犬

大明斯特兰犬

大明斯特兰犬的感情很丰富，与家人相处也很和谐，很讨人喜欢，还可与其他宠物混合饲养。它们喜欢与孩子嬉戏玩耍，同时充满着耐心，甚至可以胜任时钟犬的角色。它们性情温顺，对主人的指示表示顺从，喜欢吸引主人的注意力，希望主人可以陪伴它们玩耍。

➲ **饮食：**大明斯特兰犬在成长期间要注意钙和微量元素的摄入；要饮用清洁的饮用水，并保证供应充足，但不要让其饮用生水。

➲ **饲养小贴士：**由于犬的皮肤不常出汗，因此，不需要经常洗澡，洗多了反而对犬的皮肤不利，如果犬是在室外饲养，一年洗3~4 次即可。

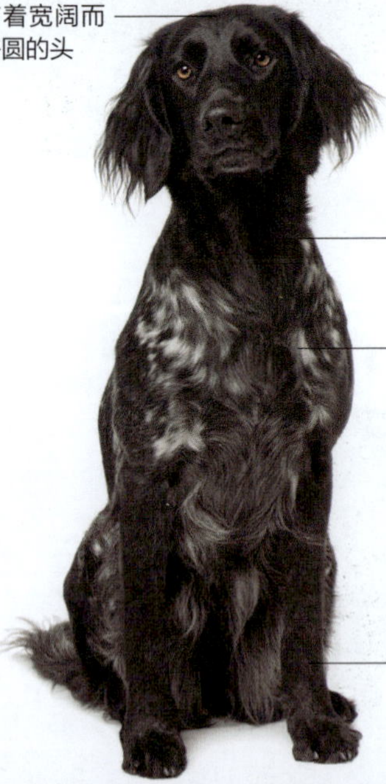

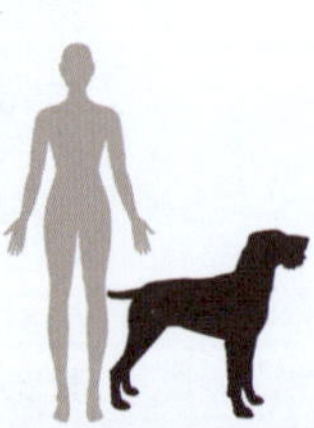

身高：59~61 厘米	**体重：**25~29 千克	**个性：**敏感、友善

别名：黑白纽芬兰犬

寿命：9~11 年　　**主要用途：**工作犬、守卫犬

兰西尔犬

兰西尔犬拥有长且沉重的被毛，经常用于搜救工作中，它是忠实的伴侣犬，也是优秀的工作犬，具有多种用途，无论在陆地或水中，它都可以拖动重物，在水中的救援工作中展现出惊人的能力，这种犬也很适合家庭的喂养。

饮食：由于兰西尔犬与人的体型大小、饮食习性、机体代谢存在很大差异，它们对各种营养素的需求量也完全不同，所以不要随便喂食人类的营养品。

饲养小贴士：兰西尔犬需要的运动量较大，不太适合在城市中生活，但却很适合与小孩子做伴；它的被毛需要经常梳理；较耐寒；容易训练。

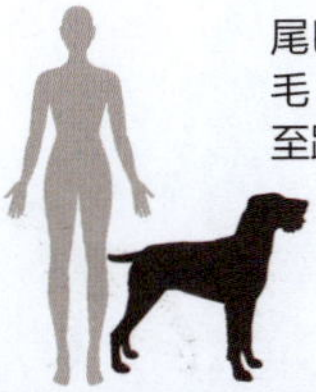

身高：66~71 厘米	体重：50~68 千克	个性：机敏、友善

别名： 非洲猎狮犬
寿命： 12~13 年　**主要用途：** 狩猎犬、警卫犬、伴侣犬

罗德西亚背脊犬

罗德西亚背脊犬可以适应条件艰苦的环境，24 个小时不喝水也能坚持，能够忍耐非洲内陆极大的温差，是非常优秀的群猎犬种。它们会被成群使用来追逐稍大型的动物，其耐力和灵活程度都让人敬佩。罗德西亚背脊犬气质威严，对陌生人会有所保留，可作为警卫犬也可作为家庭犬。

➲ 饮食： 罗德西亚背脊犬每天需喂食肉类或肉制品 500~600 克，并加等量的饼干或熟干素料，但因它体型大又好动，因此，可适当增加食物的供给。

➲ 饲养小贴士： 罗德西亚背脊犬生性好动，运动量很大，需要宽敞的生活空间；每周应梳理被毛两次；气候适应性较强，可以适应不同的气候。

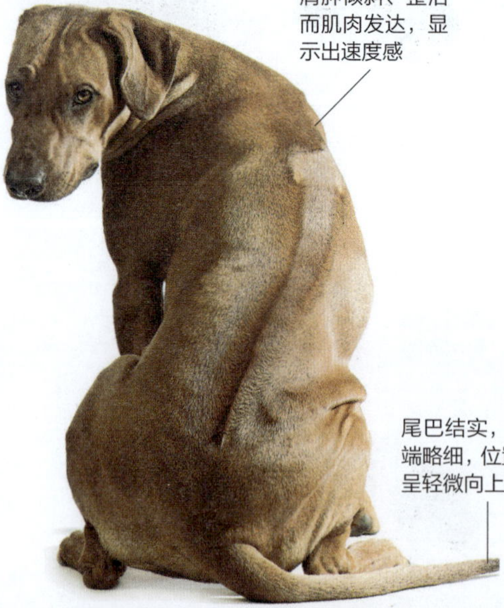

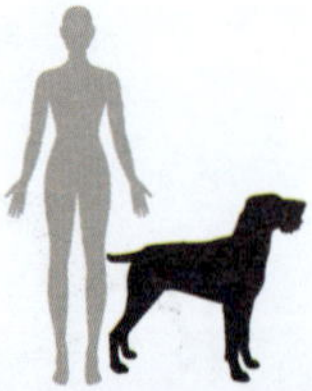

身高：60~69 厘米	体重：30~39 千克	个性：聪明、友善、沉稳

眼睛呈圆形，颜色
与身体颜色协调，
两眼间距略大
鼻镜呈黑色、褐
色或肝色，与整
体颜色协调
脚紧凑，脚趾呈
圆拱状，脚垫圆、
坚实而有弹性
被毛短而浓厚、有光泽
耳朵位置略高，中等
大小，根部略宽，逐
渐变细，尖端圆
口吻长、深而有力，
嘴唇整洁，紧紧包
裹着颌部
后腿肌肉发达、整
洁，飞节清晰，且
位置低

别名：日本秋田犬、日系秋田犬
寿命：10~12 年　**主要用途：**狩猎犬、伴侣犬

秋田犬

秋田犬个性稳重，对人温顺，对主人和家庭非常的忠实，由于其人缘好而大受欢迎。但是仍然保留少许的猎性和斗性，见到小动物会去追逐，看到其他犬会有攻击性，体型越大，展现的攻击性就越强，尤其公犬特别明显。

饮食：秋田犬每天应用煮熟、切块的肉类 500 克左右，与等量的麦片、饼干等素饲料混合后喂食，肉类最好选用脂肪含量较少的牛肉、羊肉，以及猪瘦肉等。

饲养小贴士：秋田犬在春季被毛脱落较多，因此，要经常梳理以促进更新；每半年要清理一次牙齿，以防牙垢积留太多而形成齿糟脓漏。

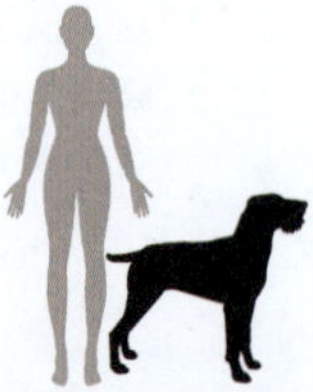

身高：60~73 厘米	体重：34~50 千克	个性：忠顺、机智、沉着

尾巴大而丰满，尾根高，卷力强
牙齿有力，剪状咬合最好，水平咬合也可
背部直，腰部强韧
被毛色有赤色、白色、有斑点的、芝麻色、虎斑、杂色的
眼稍呈三角形、深凹，外眦稍上方呈深褐色
后腿发达，强韧有力，踏地力强
胸深而肋骨发达，前胸发达，腹部适当收紧

别名：笃宾犬

寿命：10~14 年　**主要用途：**工作犬、伴侣犬

杜宾犬

杜宾犬的智商很高，身体强壮有力，可以从事警卫工作，经过训练后，可成为搜索犬、狩猎犬和牧羊犬。杜宾犬的长相文雅，气质高贵，个性活泼，勇敢而忠诚，机敏而坚定，忠诚而顺从。整体线条平滑而流畅，体重和力量惊人，因其具有攻击性，应专心加以训练。

饮食：杜宾犬的食物包括新鲜牛肉、谷类、蔬菜，以及蛋黄、牛奶等，此外，还应添加啤酒酵母等富含维生素的添加剂。

饲养小贴士：杜宾犬能够适合城市生活；耐热怕冷；被毛短，因此，不需要经常梳理；它的训练难度较低，但不容易与其他犬相处。

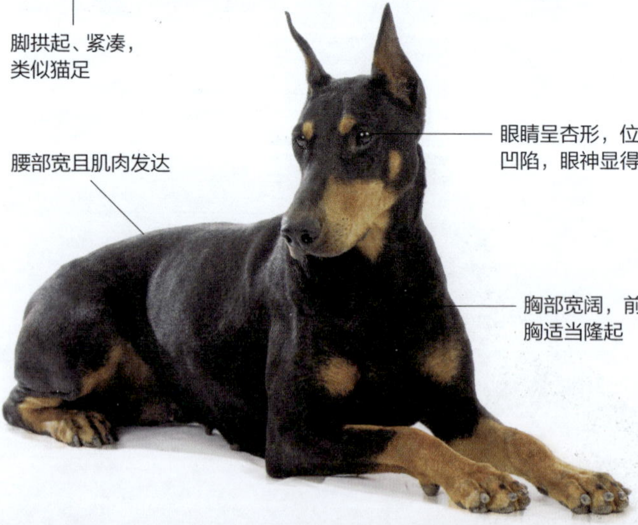

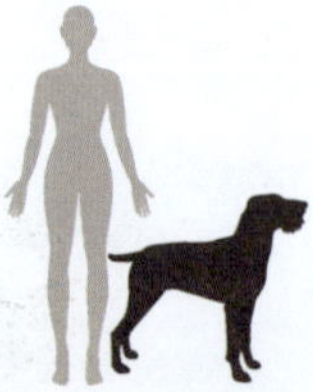

身高：68~72 厘米	体重：40~45 千克	个性：胆大、敏感、坚决

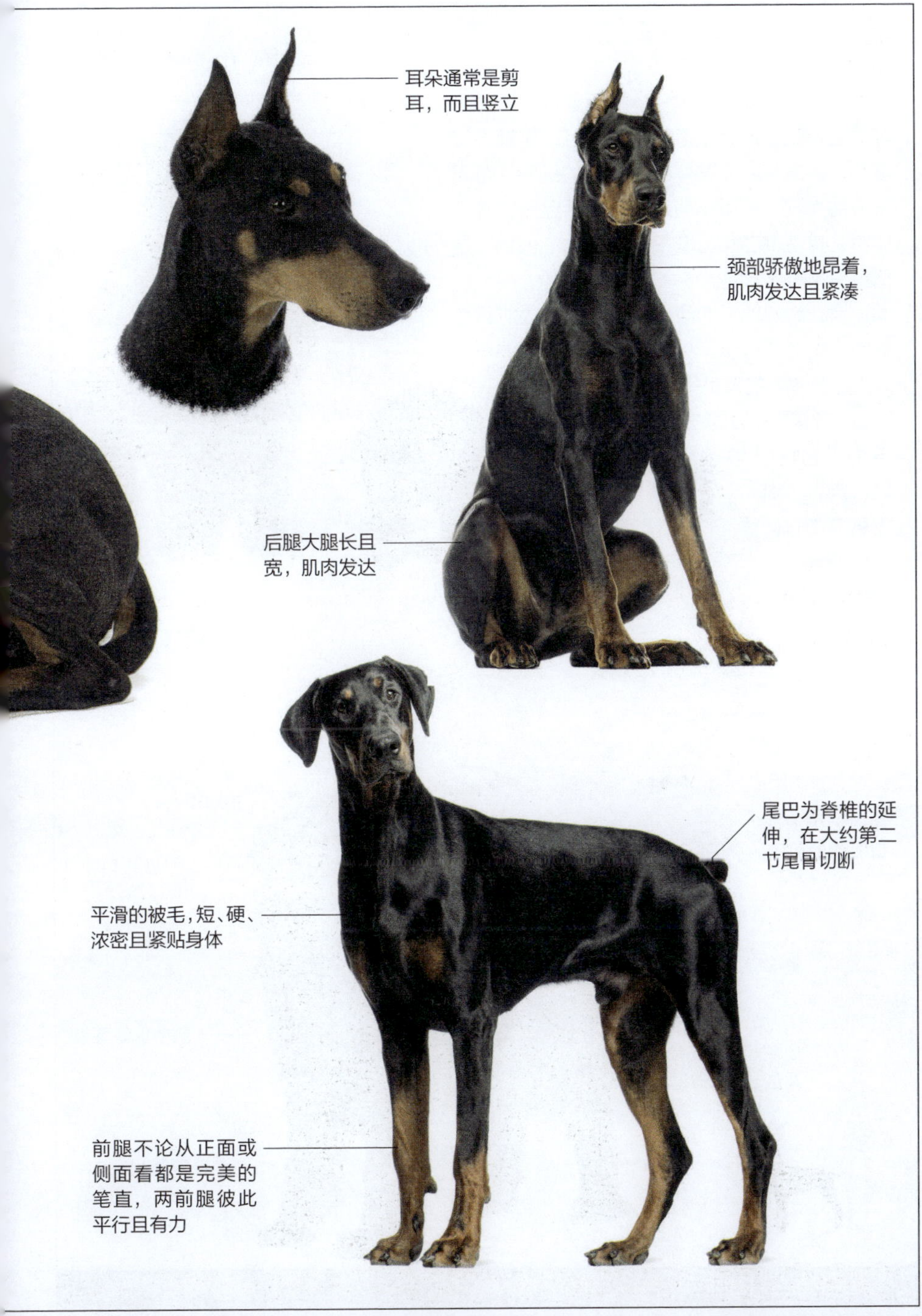
耳朵通常是剪耳，而且竖立
颈部骄傲地昂着，肌肉发达且紧凑
后腿大腿长且宽，肌肉发达
尾巴为脊椎的延伸，在大约第二节尾骨切断
平滑的被毛，短、硬、浓密且紧贴身体
前腿不论从正面或侧面看都是完美的笔直，两前腿彼此平行且有力

别名： 无
寿命： 9~15 年　　**主要用途：** 工作犬、伴侣犬

纽芬兰犬

纽芬兰犬是大型犬只，被毛双层，看起来沉重且夸张，但是被毛很平顺，可以实现高密度防水。纽芬兰犬整体感觉非常的雄壮，可用于拖拽渔网、牵引小船、救援、驮运货物等工作中。其性情温和，既不笨拙，也不凶猛，是值得信赖的伴侣犬。

饮食： 纽芬兰犬的幼犬在 3 个月以内应喂食稀饭、牛奶或豆浆，并可适量添加切碎的鱼、肉类以及煮熟的青菜等。

饲养小贴士： 纽芬兰犬不适合饲养在城市中；它比较怕热，因此，应保持周围环境的凉爽；它的被毛需定期梳洗。

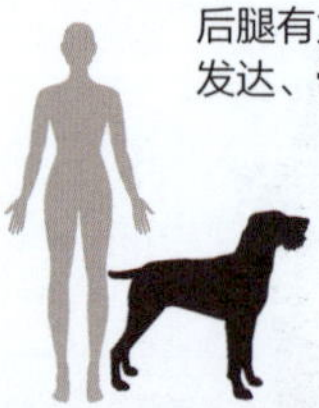

身高： 66~71 厘米　|　**体重：** 50~68 千克　|　**个性：** 温顺、可爱、忠诚

附录　名词解释

下颚

是一对位于上颚之后下唇之前协助取食的构造，能相向或相背及前后运动。

半立耳

半竖立的耳朵，在耳尖部折弯。

吻部

位于眼睛前面的口鼻部位。

尾毛

尾巴上的软毛。

肘

肩部下面的关节。

枕骨

头盖骨后面最高的部分。

玫瑰耳

典型的小耳朵，往下折露出内耳部分。

肩高

肩膀和颈背间的最高点。

垂耳

耳朵下垂，接近头部侧面。

垂肉

喉部松弛下垂的皮肤。

指示

猎狗以固定不动的姿态，指出猎物的位置。

修剪

修饰的一种，特别是长卷毛犬的修饰。

修饰

以剪毛或拔毛的方式加以修饰。

刚毛

粗糙的外层毛。

胸部

位于前腿间，包括胸骨的部分。

剪耳

剪去耳朵尖，使其竖立起来。

斑纹

明亮的和黑色的毛皮组合，而形成较黑的条纹。

腰

位于身体背部，最后一根肋骨到后腿的部分。

腹部

和腰相对，最后一根肋骨到后腿的部分。

截尾

将尾巴割短。

鼻梁

两眼之间凹下的部分，位在头盖骨和鼻骨相接处。

竖耳

竖起的耳朵，耳根宽，耳尖圆，向外伸出。

颈毛

围绕颈部的长而密的毛皮。

骹骨

腿的下部，在腕和脚之间的部分。

杂色

白色和其他颜色按均匀的比例混杂。

边毛

长在耳朵、身体上、腿部和尾巴上的长毛。

胡须

颚周围长而密的毛。

悬爪

在脚内侧的脚趾，常在幼犬时除去。

鼻镜

鼻头部位，是皮肤腺的集中区域。

飞节

由小腿骨、跗骨和跖骨形成的关节。

背线

从肩胛到尻部的线条。

尾根

尾巴的根部。

索引

彭布罗克柯基犬

苏格兰牧羊犬